Panorama da comunicação em produções audiovisuais

ADMINISTRAÇÃO REGIONAL DO SENAC NO ESTADO DE SÃO PAULO

Presidente do Conselho Regional
Abram Szajman

Diretor do Departamento Regional
Luiz Francisco de A. Salgado

Superintendente Universitário e de Desenvolvimento
Luiz Carlos Dourado

EDITORA SENAC SÃO PAULO

Conselho Editorial
Luiz Francisco de A. Salgado
Luiz Carlos Dourado
Darcio Sayad Maia
Lucila Mara Sbrana Sciotti
Luís Américo Tousi Botelho

Gerente/Publisher
Luís Américo Tousi Botelho

Coordenação Editorial
Verônica Pirani de Oliveira

Prospecção
Andreza Fernandes dos Passos de Paula
Dolores Crisci Manzano
Paloma Marques Santos

Administrativo
Marina P. Alves

Comercial
Aldair Novais Pereira

Comunicação e Eventos
Tania Mayumi Doyama Natal

Edição e Preparação de Texto
Lucia Sakurai

Coordenação de Revisão de Texto
Marcelo Nardeli

Revisão de Texto
Fernanda Corrêa

Coordenação de Arte e Projeto Gráfico
Antonio Carlos De Angelis

Editoração Eletrônica e Capa
Tiago Filu

Imagens
Adobe Stock

Impressão e Acabamento
Maistype

Proibida a reprodução sem autorização expressa.
Todos os direitos desta edição reservados à

Editora Senac São Paulo
Av. Engenheiro Eusébio Stevaux, 823 – Prédio Editora – Jurubatuba
CEP 04696-000 – São Paulo – SP
Tel. (11) 2187-4450
editora@sp.senac.br
https://www.editorasenacsp.com.br

© Editora Senac São Paulo, 2024

Dados Internacionais de Catalogação na Publicação (CIP)
(Simone M. P. Vieira – CRB 8ª/4771)

Rohrer, Cleber Vanderlei
  Panorama da comunicação em produções audiovisuais / Cleber Vanderlei Rohrer – São Paulo : Editora Senac São Paulo, 2024.

  Bibliografia.
  ISBN 978-85-396-4232-8 (Impresso/2024)
  e-ISBN 978-85-396-4233-5 (ePub/2024)
  e-ISBN 978-85-396-4234-2 (PDF/2024)

  1. Comunicação 2. Teorias da comunicação 3. Cinema – História 4. Rádio – História 5. Televisão – História 6. Streaming 7. Linguagem audiovisual 8. Projeto audiovisual I. Título.

24-2287c   CDD – 302.2
                                                   302.234
                                                      791.4
                                       BISAC SOC052000
                                              PER004000

Índice para catálogo sistemático:
1. Comunicação 302
2. Comunicação audiovisual 302.234
3. Cinema, rádio e televisão 791.4

Cleber Vanderlei Rohrer

Panorama da comunicação em produções audiovisuais

Editora Senac São Paulo – São Paulo – 2024

Sumário

APRESENTAÇÃO | 7

1. SISTEMAS DA COMUNICAÇÃO | 9

O processo de comunicação | 11

Emissor, mensagem e receptor | 14

O ruído na comunicação | 16

A evolução dos meios de comunicação | 16

Sistema analógico, sistema digital e novas formas de consumo | 26

Arrematando as ideias | 37

2. TEORIAS DA COMUNICAÇÃO | 39

A sociedade de massa | 40

Estudos da comunicação | 41

Teoria da agulha hipodérmica | 42

Teoria funcionalista | 45

Teoria crítica | 46

Teoria culturológica e os estudos culturais | 49

Paradigma midialógico | 52

Arrematando as ideias | 54

3. PANORAMA DO CINEMA MUNDIAL | 57

Pré-cinemas | 58

Cinestoscópio e Thomas Edison | 61

Cinematógrafo e os irmãos Lumière | 62

Os primeiros cineastas | 62

Cinema mudo, falado e sonoro | 64

A criação de Hollywood | 67

Expressionismo alemão | 68

Experimentalismo soviético | 70

Cinema clássico americano | 72

Neorrealismo italiano | 73

Nouvelle vague | 77

A nova Hollywood | 79

O cinema blockbuster | 83

Cinema argentino | 85

Arrematando as ideias | 89

4. Panorama do cinema brasileiro | 91

Início do cinema brasileiro | 92
Chanchada | 97
Mazzaropi | 98
Cinema novo | 101
Cinema marginal (udigrudi) | 104
Embrafilme | 106
A década de 1970 e a pornochanchada | 107
A década de 1980 | 110
Retomada do cinema brasileiro | 112
Ancine | 114
As décadas de 2000 e 2010 | 115
Arrematando as ideias | 117

5. Panorama do rádio | 119

O início do rádio no mundo | 120
AM e FM | 122
A história do rádio no Brasil | 123
Rádio Nacional do Rio de Janeiro | 131
A migração da AM para a FM no Brasil | 132
O rádio na era digital | 133
Podcast: e agora, como vai ficar o rádio? | 135
Arrematando as ideias | 138

6. O panorama da televisão | 139

O panorama da televisão mundial | 140
O sistema broadcast | 142
A história da televisão no Brasil | 144
A TV por assinatura | 156
A TV digital no Brasil: mercado, consumo e produção | 158
Arrematando as ideias | 162

7. Impacto cultural do streaming na indústria audiovisual | 163

A era do streaming e a ascensão das plataformas de vídeo sob demanda | 164

O consumo do streaming: transformações nos modelos de negócios e na produção de conteúdo | 166

A ascensão das plataformas de áudio sob demanda e a indústria musical | 167

Streaming e a transformação audiovisual | 170

Transformações nos modelos de negócios e personalização do conteúdo | 175

Streaming e a legislação no Brasil | 181

Arrematando as ideias | 182

8. Linguagem audiovisual e meios de comunicação | 185

Gêneros e formatos audiovisuais | 186

Gêneros televisivos | 187

Gêneros cinematográficos | 190

Gêneros e formatos radiofônicos | 191

Trilha sonora | 192

Arrematando as ideias | 197

9. Formatação de projetos audiovisuais | 201

A criação de um projeto | 203

Como definir o público-alvo? | 204

Classificação indicativa | 206

Como buscar as referências para o projeto? | 209

Quais profissionais são necessários para realizar o projeto? | 211

Como selecionar os equipamentos para uma produção? | 212

Como lidar com os direitos autorais da obra? | 219

Custos e orçamentos | 222

Mecanismos de financiamento | 223

Cronograma de desenvolvimento | 228

Como divulgar e distribuir seu projeto | 230

Formatação de um projeto audiovisual | 232

Arrematando as ideias | 237

Referências | 239

Apresentação

A comunicação humana é um assunto tão vasto que desperta interesse em várias áreas do conhecimento, cada uma com um enfoque específico e formas próprias de investigação. Parte importante do nosso cotidiano, a comunicação influencia em todos os aspectos, desde a política, os embates sociais até as novas tecnologias. As transformações ocorridas nos meios de comunicação e o impacto gerado pelas novas tecnologias ficam evidenciados nas formas de criar e produzir os conteúdos audiovisuais, gerando um grande impacto cultural e econômico.

Este livro aborda os principais fundamentos da comunicação e do audiovisual no Brasil e no mundo, passando por conceitos, discussões, análises e curiosidades sobre o cinema, o rádio, a televisão e a internet, além de trazer um capítulo que irá orientar como utilizar esses conhecimentos na criação de um projeto audiovisual.

Os textos contêm muito da minha experiência nos cursos de comunicação e audiovisual do Senac São Paulo, além de pesquisas. Com o objetivo de auxiliar professores e estudantes, o livro traz dicas para ampliar os conhecimentos sobre o fascinante universo do audiovisual, além de contribuir para as discussões sobre o assunto, cujo caminho convido os leitores a percorrer.

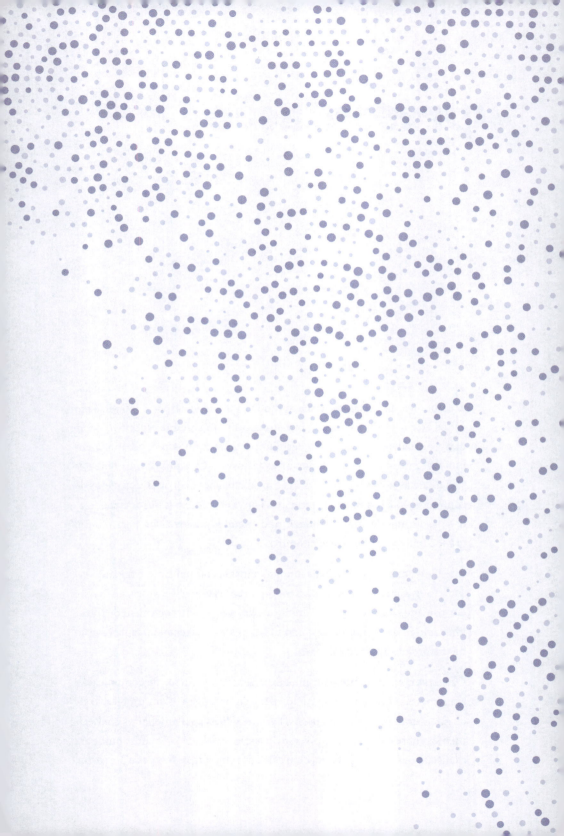

CAPÍTULO 1

Sistemas da comunicação

Antes da Copa do México, realizada em 1970, os árbitros dependiam apenas do apito, dos gritos e dos seus próprios gestos para indicar suas decisões dentro do campo, incluindo as faltas cometidas ou expulsões de jogadores. Foi em um jogo realizado quatro anos antes, durante a Copa do Mundo da Inglaterra, em 1966, que tudo mudou.

Na disputa das quartas de final, entre as seleções da Argentina e da Inglaterra, um grande problema de comunicação mudou a história do futebol mundial. Foi um jogo muito conturbado desde o apito inicial, feito pelo árbitro alemão Rudolf Kreitlein. Em uma marcação de falta a favor dos ingleses, o capitão argentino, Antonio Rattín, contestou veementemente a decisão do árbitro. Kreitlein não falava espanhol, tampouco Rattín entendia alemão ou qualquer outro idioma. Durante o bate-boca, o árbitro expulsou o jogador argentino usando apenas o indicador. Rattín, usando da velha catimba argentina, se recusava a sair de campo, alegando que não entendia o que o árbitro estava sinalizando. Muita confusão, muito tempo parado e só depois da intervenção de intérpretes foi que Antonio Rattín se retirou, a partida foi reiniciada e terminou com a vitória dos ingleses.

Enquanto a seleção da Inglaterra celebrava a vitória, todos os jogadores argentinos cercaram o árbitro alemão, que, durante a confusão, teve sua camisa rasgada e precisou da ajuda da polícia para deixar o campo. Os problemas de comunicação da partida ainda não haviam terminado. No dia seguinte, os jornais noticiaram que dois dos maiores jogadores ingleses, os irmãos Bobby Charlton e Jack Charlton, haviam sido punidos. Como essa decisão não tinha sido comunicada, o técnico inglês teve que procurar a Fifa para esclarecer a situação.

Diante de toda essa confusão, o árbitro inglês Ken Aston, que era responsável por toda a arbitragem na Copa do Mundo da Inglaterra e um dos representantes da Fifa, começou a pensar em como resolver essas situações, uma vez que o futebol já era um fenômeno mundial e a próxima Copa do Mundo, no México, seria transmitida pela televisão para todo o planeta. Teve, então, a ideia de usar cartões amarelo e vermelho no jogo, inspiração que veio quando estava dirigindo e viu as luzes do semáforo. O árbitro inglês percebeu que a ideia de usar cores para sinalização era ótima por não depender de idiomas, e o uso do mesmo esquema de cores do trânsito, que era global, tornava a decisão clara e evidente para qualquer jogador do torneio.

Na Copa do México de 1970, os cartões vermelho (para indicar uma expulsão) e amarelo (para indicar uma falta grave) foram introduzidos pela primeira vez e até hoje fazem parte do futebol mundial. O primeiro cartão vermelho somente viria a ser aplicado no Copa da Alemanha Ocidental, em 1974. O árbitro turco Doğan Babacan aplicou dois cartões amarelos no jogador chileno Carlos Caszely, expulsando-o da partida.

Após serem implantados definitivamente no futebol, os cartões coloridos também foram levados para outros esportes, como handebol, rúgbi e vôlei, com adaptações para suas respectivas regras. Atualmente, é impossível pensar em futebol sem a utilização dos cartões. Pense num árbitro japonês conversando com jogadores sauditas e brasileiros, imaginando que não falem uma língua em comum. Os cartões também foram incorporados em nossa língua cotidiana como expressão linguística, por exemplo, quando dizemos "dar um cartão vermelho" como sinônimo de tirar aquela pessoa de nossa vida. Com o passar do tempo, o futebol e as suas regras foram se moldando para que o jogo ficasse mais dinâmico e justo para equipes, árbitros e, também, espectadores.

O PROCESSO DE COMUNICAÇÃO

A comunicação é um campo de estudos que, por necessidade, dialoga com outros campos importantes para entender o comportamento e as ações humanas: a linguística, a psicologia, a filosofia, a sociologia, entre outros. Como se observa no texto anterior, o homem é um ser social com a necessidade de se comunicar, emitindo ou recebendo mensagens. Mas para isso, o ser humano precisa de um sistema qualquer de sinais devidamente organizado, ou seja, de uma linguagem. Se em um jogo de futebol houve a necessidade de aprimorar a comunicação, imagine em questões mais amplas, como regras políticas, trabalhistas e sociais. O uso das cores dos semáforos ou dos cartões amarelo e vermelho nos jogos de futebol expressa a importância da comunicação e da organização pela sociedade.

Linguagem é um processo de comunicação utilizado na transmissão de uma mensagem entre dois ou mais interlocutores. Nós utilizamos vários tipos de linguagem: oral, escrita, musical, poética, entre outras. A língua é um dos códigos da linguagem e pode ser culta, usada em contextos formais, ou popular, válida em contextos informais.

A palavra comunicação, etimologicamente, vem do latim *communis*, do verbo latino *communicare*, que significa tornar comum, pôr em comum. Uma definição simples de comunicação é tornar comum ideias e sentimentos por meio da troca de mensagens. Nos diversos exemplos de atos de comunicação do nosso cotidiano, desde o primeiro "bom dia" até o "boa noite" ao se deitar, o ser humano comum emite uma série de mensagens e também as recebe, seja por meio de gestos, sons, escrita, vídeos, ou a combinação de cores. Utilizamos uma série de códigos, que são conjuntos de sinais para transmitir uma mensagem. Um dos códigos mais importantes é a língua.

A língua é um instrumento importante de comunicação composto por regras gramaticais que possibilitam que determinado grupo consiga produzir enunciados que lhes permitam se comunicar e se compreender. A língua é uma parte social da linguagem, ou seja, pertence a uma comunidade ou a um grupo social, como, por exemplo, as línguas portuguesa, francesa, italiana ou inglesa. Os falantes de uma língua dominam boa parte de seu conjunto de palavras, do seu vocabulário, assim como dominam e se expressam pelas combinações das palavras e na utilização delas em frases, seja na linguagem oral ou escrita.

CURIOSIDADE

Lusofonia

A língua portuguesa conta com mais de 250 milhões de falantes espalhados pela América, Europa, África e Ásia. É a língua oficial em nove países: Angola, Brasil, Cabo Verde, Guiné-Bissau, Guiné Equatorial, Moçambique, Portugal, São Tomé e Príncipe e Timor-Leste. Apesar de ter milhões de falantes, a língua portuguesa atua em uma área descontínua, fator que provoca diferenças consideráveis tanto na gramática como na pronúncia e no vocabulário de nosso idioma, ao contrário da América Espanhola, por exemplo.

Outra curiosidade é que a língua portuguesa é a nona língua mais falada no mundo atualmente, ficando atrás do inglês, chinês mandarim, hindi, espanhol, francês, árabe, bengali e russo.

Desde 2009, a Comunidade dos Países de Língua Portuguesa (CPLP) definiu o dia 5 de maio como o Dia Mundial da Língua Portuguesa. Acesse o site da CPLP e conheça mais sobre o mundo da lusofonia: https://cultura.cplp.org/. Acesso em: 6 mar. 2024.

Figura 1.1 – Bandeiras dos países pertencentes à CPLP

A comunidade age sobre a língua, mas cada indivíduo pode utilizá-la conforme a sua vontade, criando os aspectos da fala. Para que a fala tenha um significado, entretanto, precisa ser decodificada, obedecendo a algumas regras gerais da língua. Cada meio de comunicação se manifesta a partir de regras diferentes. Por exemplo, um texto literário segue regras diferentes de um texto jornalístico. Uma poesia segue regras que às vezes são quebradas nas adaptações de músicas, e assim por diante. Conforme Diaz Bordenave (1991, p. 26): "Talvez a função mais básica da comunicação seja a menos frequentemente mencionada: a de ser o elemento formador da personalidade. Sem a comunicação de fato, o homem não pode existir como pessoa humana".

Uma língua não é estática, imóvel ou imutável. A língua portuguesa vem sofrendo diversas modificações, e mesmo os países lusófonos têm diferenças na forma de utilizar a mesma língua. Com o passar do tempo, vão ocorrendo várias transformações fonéticas, gramaticais, alterações de significados, palavras caem em desuso ou novas palavras são criadas.

A música "Pela internet", de Gilberto Gil, foi composta para um projeto das empresas IBM, Embratel e do jornal *O Globo*. Foi a primeira transmissão ao vivo de uma canção pela internet no Brasil. É uma homenagem de

Gil à música "Pelo telefone" dos compositores Donga e Mauro de Almeida, primeiro samba gravado no Brasil, em 1917. Em sua canção, Gilberto Gil demonstra como sempre esteve ligado às transformações sociais, tecnológicas e linguísticas. A internet é apresentada com as possibilidades de novas linguagens, assim como um meio para expressões individuais e coletivas, seja na vida real ou na vida digital. Da mesma forma que já havia feito em outra canção, "Cibernética", de 1974 (Rennó, 2003), Gil nos apresenta como o público estava lidando com a nova tecnologia.

Assim como fez Gilberto Gil, outros compositores, artistas e todos os seres humanos utilizam novas formas de comunicação. É isso que enriquece todo esse processo. Você mesmo deve ter se deparado com diversas formas de expressão que achou curioso, ou mais, criou novas formas de expressão. Compreender o processo de comunicação aumenta nossa capacidade de criar, entender, ampliar e utilizar como queremos essa função que está dentro de nós. Embora encontremos diversos modelos que procuram representar o processo de comunicação, aqui analisamos alguns deles. Vamos agora olhar para os elementos principais desse processo.

DICA

Faça uma visita ao Museu da Língua Portuguesa, onde a história e a evolução do idioma são contadas de forma interativa, numa ampla e moderna área de exposição.

Site: https://www.museudalinguaportuguesa.org.br/. Acesso em: 6 mar. 2024.

Endereço: Praça da Luz, s/nº – Centro Histórico de São Paulo

EMISSOR, MENSAGEM E RECEPTOR

Na comunicação, o ser humano utiliza sinais devidamente organizados, emitindo-os a uma ou várias pessoas. A palavra escrita, a palavra falada, as músicas, os desenhos, os sinais de trânsito, os cartões de um jogo de futebol são alguns exemplos de comunicação, ou seja, quando alguém transmite uma mensagem a outra pessoa. Assim, existe um emissor e um receptor da mensagem. A mensagem é emitida a partir de diversos códigos de comunicação (palavras, gestos, desenhos, sinais de trânsito, etc.). Qualquer mensagem precisa de um meio transmissor (o qual chamamos de canal de comunicação) e refere-se a um contexto ou uma situação. Um esquema simplificado da comunicação pode ser definido da seguinte forma:

Emissor – Mensagem – Receptor

Nesse processo, um emissor transmite uma mensagem, através de um meio, para um receptor que reage. Esse modelo indica que existem três elementos essenciais e, na falta de um deles, a comunicação não ocorre. Esses elementos são interdependentes. Por uma questão didática, vamos analisá-los separadamente:

- **Emissor:** quem inicia o ciclo de comunicação. Responsável pela emissão da mensagem e por fazer com que o receptor a receba adequadamente e a compreenda. O emissor tem a liberdade de escolha do meio e do código que serão utilizados durante a emissão da mensagem.

- **Receptor:** intérprete das mensagens, é quem recebe as mensagens e toma decisões. A eficácia da comunicação poder ser verificada justamente nas decisões tomadas pelo receptor.

- **Mensagem:** objeto da comunicação, é o conteúdo transmitido pelo emissor para um receptor, por meio de um canal. Uma mensagem pode implicar em diversos níveis de significados, conforme o repertório do receptor e as circunstâncias de comunicação.

Além dos três principais, fazem parte da comunicação:

- **Código:** conjunto de símbolos empregados na transmissão da mensagem e as regras que regem estes símbolos. Muitos são os códigos empregados na comunicação: sinas de trânsito, sinais luminosos, código morse ou os emojis em uma mensagem de celular.

- **Canal:** para que possamos transmitir nossas mensagens, é necessário que um veículo as conduza até seu destino. Esse veículo é chamado de canal, e é sempre escolhido pelo emissor. A escolha do canal pelo emissor também interfere na eficácia da comunicação, pois corresponde ao local em que a mensagem será transmitida, como um jornal, uma revista, um site de notícias, uma emissora de rádio ou televisão, entre outros.

O RUÍDO NA COMUNICAÇÃO

Ruído é tudo o que interfere e dificulta a comunicação, prejudica a transmissão e perturba a recepção, fazendo que a mensagem não seja decodificada de forma correta pelo receptor, interferindo diretamente na compreensão da mensagem. É um fenômeno que ocasiona a perda de informação durante a transmissão da mensagem. Podemos exemplificar como ruídos na comunicação: interferências na recepção radiofônica, transmissão errada de uma letra no envio de uma mensagem de texto no celular, uma mensagem de áudio que não se pode ouvir ou que foi prejudicada por algum motivo, causando uma interpretação errada na recepção da mensagem.

As perturbações que ocasionam ruídos na comunicação podem ser provenientes do canal de transmissão, e seus defeitos, da utilização errônea de um canal, das atitudes ou da intenção do emissor na hora de transmitir a mensagem, das ambiguidades das próprias mensagens. Assim, podemos afirmar que a comunicação somente será efetivada quando o receptor decodificar e receber corretamente a mensagem transmitida pelo emissor.

A EVOLUÇÃO DOS MEIOS DE COMUNICAÇÃO

Depois de analisar o processo de comunicação, vamos refletir como uma necessidade básica dos seres humanos foi se transformando e sendo transformada. Vamos pensar na evolução da comunicação e na história da humanidade e seus desdobramentos sociais, políticos e tecnológicos. Compreender a evolução da comunicação humana nos faz entender como conseguimos acumular e transmitir conhecimento através do tempo. Por que os homens primitivos deixavam seus registros? Esses registros nos ajudam a compreender essas civilizações e nos fazem pensar: por que ainda hoje deixamos registros do nosso cotidiano? Vamos analisar um breve panorama histórico da evolução da comunicação humana.

O surgimento da fala

Estima-se que o ser humano tenha começado a desenvolver o poder da fala há cerca de 30 mil a 50 mil anos. É muito provável que, naquele momento, esses seres tenham começado imitando os sons que ouviam dentro da comunidade em que estavam inseridos. Esses seres primitivos viviam isolados uns dos outros e cada grupo possuía uma língua diferente. Ser nômade era uma das características desses povos, que não tinham moradia fixa e se mudavam de um lugar para outro em busca de comida ou um melhor abrigo. Estima-se que a maneira de falar de um grupo acabava sendo incorporada por outros. Acredita-se que existam mais de 6,5 mil idiomas no mundo no século XXI. Segundo um estudo da ONU (2022), esse número já foi bem maior. No Brasil, um país lusófono, existem mais de 250 línguas e, segundo o Iphan (2017), algumas estão à beira da extinção. Algumas línguas desapareceram ou foram incorporadas por outras, como o sânscrito e o latim (idioma que originou o português, o espanhol e o italiano, entre outros). O inglês é uma das línguas mais faladas no mundo e a mais usada no universo dos negócios, mas principalmente na internet. Segundo uma pesquisa realizada pelo site Rest of World (Brandom, 2023), mais de 50% dos sites do mundo usam o idioma inglês.

As primeiras manifestações artísticas

Além da fala, o ser humano primitivo também utilizava outras formas de se comunicar e transmitir sua cultura. A dança e a música são duas das expressões artísticas mais antigas. A flauta, inicialmente feita de ossos de animais, é considerada um dos primeiros instrumentos musicais, assim como os tambores, que tinham suas batidas mais fortes ouvidas a quilômetros de distância.

Há cerca de 40 mil anos, os seres humanos primitivos criaram tintas naturais para desenhar figuras de animais e cenas cotidianas nas paredes das cavernas. Até hoje, o estudo desses desenhos nos ajuda a compreender a evolução humana. Chamamos de arte rupestre as criações artísticas feitas em rochas durante a Pré-História. Elas podem ser categorizadas em pintura e gravura rupestre. No Brasil, essa produção artística pode ser encontrada principalmente no Parque Nacional da Serra da Capivara, em São Raimundo Nonato, no Piauí.

Os egípcios deixaram registros de sua língua por meio de hieróglifos, desenhos que representam conceitos, ideias e sentimentos desse povo que foi umas das principais civilizações antigas. Os hieróglifos, uma forma de escrita considerada sagrada, eram dominados por uma elite composta por sacerdotes, membros da realeza e escribas. A habilidade de compreender e utilizar essa escrita era exclusiva desses grupos privilegiados. Essa forma de escrita, provavelmente uma das mais antigas do mundo, era frequentemente empregada para inscrições em túmulos e templos.

Há milhares de anos, não existiam letras. A invenção de símbolos que representam ideias é uma das maiores conquistas da humanidade. O ser humano começou a se comunicar desenhando figuras que representavam as coisas. Uma das primeiras formas de escrita foi a cuneiforme, usada pelos povos da Mesopotâmia, há cerca de 6 mil anos. Eles escreviam com varetas sobre tabuletas de argila úmida. Os chineses e japoneses também utilizam símbolos – os ideogramas – para descrever tudo o que os rodeia.

O alfabeto e o uso dos números

Os fenícios, habitantes da região correspondente ao atual litoral do Líbano, criaram, há cerca de 4 mil anos, um dos primeiros alfabetos, composto de 22 sinais que representavam os sons, que se tornariam as primeiras letras. Essas letras combinadas entre si deram origem às palavras. Esse primeiro alfabeto foi aperfeiçoado pelos gregos e, mais tarde, pelos romanos. O alfabeto romano, formado por 26 letras, é utilizado ainda hoje na maioria dos países, incluindo os de língua portuguesa, como o Brasil.

A linguagem matemática atual é universal, ou seja, pode ser compreendida em qualquer país. Antes do surgimento dos números, a civilizações antigas usavam pedras para contar, desde animais até soldados. Por essa razão temos a palavra cálculo, que significa "pedra" e vem do latim *calculus*.

Os romanos utilizavam um sistema numérico composto de letras que representam as quantidades, os algarismos romanos. No decorrer da história de evolução dos números, foram criados vários sistemas de numeração por grandes civilizações, como os babilônios, os egípcios, os hindus e os árabes. Foi o sistema de numeração hindu-arábico que sobressaiu, por ser decimal e por uma possível associação aos dedos das mãos, além da praticidade de ser um sistema posicional usando apenas dez algarismos para representar todos os outros: 0, 1, 2, 3, 4, 5, 6, 7, 8, 9 (Ifrah, 2010). Foi a partir do ano 1000 d. C. que esses números foram levados à Europa pelos árabes. Por isso são chamados algarismos arábicos.

Os livros

Os livros como os conhecemos hoje, com capa, ilustrações e letras impressas, produzidos com o auxílio de máquinas, passaram por grandes transformações até alcançarem o formato atual. Placas de argila, peles de animais, tábuas de madeira e cascas de árvores são alguns dos materiais que a humanidade já utilizou para que suas ideias, impressões sobre o mundo e crenças religiosas ficassem registradas. Antes da invenção da escrita, havia a literatura oral, em que as histórias eram passadas de geração para geração contadas por artistas ou pelos mais velhos. O *Livro dos mortos*, escrito pelos egípcios, é considerado a primeira obra literária do mundo. No Ocidente, as primeiras obras foram *Ilíada* e *Odisseia,* atribuídas ao poeta grego Homero no final do século IX a. C.

Em relação ao material, os sumérios tinham livros de barro. Os egípcios faziam rolos de papiro, um papel feito de junco. Os maias e os astecas utilizavam um material existente entre a casca da árvore e a madeira. Os romanos escreviam em tábuas de madeira. Na Idade Média, os europeus utilizavam pelos de animais, como ovelhas, para a confecção dos pergaminhos, rolos com vários metros de comprimento que podiam ser dobrados e guardados em bibliotecas. Os manuscritos, livros feitos à mão, eram caros e poucas pessoas tinham acesso a eles.

A Idade Média foi um período de decadência da vida urbana, e quase toda a atividade intelectual estava a cargo da Igreja Católica. Os poucos homens alfabetizados pertenciam à Igreja, e o latim foi preservado como língua da liturgia cristã e dos homens eruditos. Nesse período, destacou-se a função exercida pelos monges copistas, que copiavam textos da Bíblia e clássicos greco-romanos (Freitas Neto; Tasinafo, 2011).

DICA

Assista ao filme *O nome da rosa* (1986), de Jean-Jacques Annaud. O filme – uma adaptação do livro homônimo, do filósofo e escritor Umberto Eco – tem sua história ambientada em um mosteiro na Itália do século XIV, onde ocorre uma série de assassinatos misteriosos e o monge franciscano William de Baskerville (Sean Connery) é chamado para investigar, levando consigo seu jovem aprendiz, Adso de Melk (Christian Slater). O diretor reconstrói uma biblioteca medieval e é justamente esse ambiente um dos aspectos mais interessantes da história. Outro ponto interessante é a apresentação dos monges e do seu processo de criar os livros manuscritos, visto que detinham o conhecimento técnico da escrita.

A invenção do papel foi decisiva para a evolução do livro. Sua criação data do ano 105 d. C., atribuída a um chinês de nome Cai Lun. A primeira fábrica de papel do mundo foi instalada em Valência (Espanha), por volta do século XII, graças aos árabes, que descobriram a arte de fabricar papel com os chineses e a levaram para a Europa. A partir daí, o papel passou a ser fabricado em todo o continente europeu, espalhando-se pelo mundo.

A invenção da prensa

No ano 1041 d. C., o chinês Pi Ching criou uma forma de imprimir letras sobre uma folha de papel. Essas letras eram colocadas em uma placa de argila e depois pressionadas sobre a folha. No entanto, essa prensa não podia ser usada muitas vezes, pois quebrava com facilidade. Depois desse experimento, muitos inventores tentaram fazer suas impressões ao longo do tempo, seja na Ásia ou na Europa. A grande revolução na comunicação e no acesso à comunicação aconteceu em 1440, quando o alemão Johannes Gutenberg (1400-1468) aprimorou o invento anterior, criando a prensa de tipos móveis de chumbo. A nova tecnologia permitiu pela primeira vez a impressão em grande escala de um mesmo produto: a Bíblia cristã. Essa invenção transformou a relação das sociedades europeias com a informação, popularizando a alfabetização e a circulação de textos.

A invenção de Gutenberg reduziu os custos dos livros, permitindo que um número maior de pessoas tivesse acesso à informação. Antes disso, os livros manuscritos eram extremamente caros, no entanto a prensa foi tornando-os mais baratos e acessíveis. Esses fatores somados à diversificação dos temas para os leitores impulsionaram a disseminação do conhecimento (Costella, 2002).

Alguns historiadores colocam a invenção da imprensa como a origem da comunicação de massa, pois permitiu a disseminação de informações e conhecimento para um grande número de pessoas. A partir dela, livros e textos puderam ser copiados em menos tempo e de forma mais barata, de forma nunca vista na história. Foi a partir da prensa que as ideias do Renascimento na Europa foram rapidamente difundidas, rompendo as visões de mundo do feudalismo da Idade Média.

Em museus espalhados pelo mundo, como a Biblioteca Nacional do Rio de Janeiro, existem raros e valiosos exemplares dos primeiros livros produzidos por meio da prensa de Guttenberg. Com a invenção da imprensa, os livros começaram a ser produzidos em grande quantidade, possibilitando o acesso de milhares de pessoas ao mundo do conhecimento, da cultura, da magia e da diversão, que antes era restrito a poucos.

A partir do século XVIII, alguns escritores passaram a produzir histórias mais longas sobre personagens fictícios, com tramas mais elaboradas. Assim surgiu o romance, uma forma mais popular de literatura, responsável por muito best-sellers, ou seja, os livros mais vendidos, com milhões de exemplares. Com a prensa, a informação se tornou um bem muito valioso e o jornalismo ganhou escala industrial, passando a ter uma importante função social. Além disso, no século XIX, a vida urbana que surgiu com a industrialização das cidades exigiu novas formas de entretenimento, como romances, teatros e óperas. A comunicação instantânea do século XIX fez a Terra parecer menor, bem diferente da Idade Média, quando uma carta enviada de um país para outro demorava meses para chegar.

O registro da imagem: a fotografia e o cinema

Uma das principais invenções do século XIX foi a fotografia, que buscava inicialmente reproduzir o retrato de pessoas mais ricas, o que, até aquele momento, era feito em pinturas de óleo sobre tela. Com a popularização da fotografia, um grande número de pessoas, sobretudo os mais pobres, passaram a ter acesso aos registros cotidianos que antes tinham circulação bastante restrita. A primeira fotografia de que se tem registro foi feita na França, em 1826, por Joseph Nicéphore Niépce. Entretanto, há quem afirme que sua história teve início muitos séculos antes desse registro, com as experiências feitas por chineses ou mesmo os mestres renascentistas, que utilizavam conhecimentos da câmara escura para fazer algumas de suas pinturas.

A primeira câmera fotográfica surgiu em 1839, criada pelo francês Louis Jacques Mandé Daguerre. Foi mais tarde, porém, que a fotografia se popularizou e ganhou ritmo industrial, principalmente com o surgimento de marca Kodak, que revolucionou as formas de produção fotográfica ao criar uma máquina pequena e portátil que utilizava um filme fotográfico. Com o surgimento da fotografia e a possibilidade de registrar, em uma imagem, um momento do cotidiano, começaram a surgir diversas experiências para registrar tais momentos, mas com imagens em movimento. Nesse momento, surgiu na França o cinematógrafo dos irmãos Auguste e Louis Lumière. A chegada do cinema, que inicialmente é um acontecimento científico, mudou as formas de espetáculo das grandes cidades ao redor do mundo (mais à frente neste livro, nos capítulos 3 e 4, falaremos sobre o cinema mundial e brasileiro).

Os meios e a comunicação de massa

No século XX, sobretudo a partir da década de 1930, o rádio e o cinema se tornaram elementos importantes tanto na divulgação de ações quanto na indústria do entretenimento, além de serem usados como propagadores de ideologias e mensagens políticas. A televisão se popularizou a partir da década de 1950 e, na década de 1960, transformou o mundo em uma grande "aldeia global" (termo popularizado pelo comunicólogo Marshall McLuhan). Na Copa do Mundo de futebol de 1970, o mundo de fato se interligou por meio da telinha e, a cada evento seguinte, foi batendo recordes de audiência.

Um fator interessante em relação ao século XX é que, toda vez que surgia uma nova tecnologia, acreditava-se que esta iria matar a anterior e, por consequência, um meio de comunicação. O surgimento do cinema sonoro fez com que algumas pessoas acreditassem que o interesse pelo rádio diminuiria. A televisão nasceu preconizando a morte do cinema e do rádio. Não obstante, o que houve foi uma grande transformação desses meios e, assim, cada um foi buscando e alcançando o seu lugar. Com a popularização do computador não foi diferente, uma vez que ele unia texto, imagem, vídeo e som. Os mais efusivos acreditavam que se perderia o interesse por todos os outros meios devido à convergência midiática que o computador estava propondo. Mais uma vez, estavam errados, e hoje o computador convive com o cinema, a televisão, o rádio e até livros de papel.

O computador e a internet: a revolução das redes

O computador se tornou uma ferramenta indispensável para a sociedade moderna. Aos poucos, tudo foi sendo informatizado. Em 1944, Alan Turing construiu um dos primeiros computadores modernos, baseando-se nos conceitos de outros matemáticos e cientistas, como o também britânico Charles Babbage (1791-1871), que criou uma calculadora mecânica, mas que não chegou a ser construída. Alan Turing foi um dos primeiros cientistas modernos da computação, tendo criado conceitos fundamentais para o desenvolvimento dessa área do conhecimento. Turing trabalhou durante a Segunda Guerra Mundial para decifrar o código conhecido como Enigma, utilizado pelos alemães nazistas para trocar mensagens cifradas. Depois de Turing, muitos outros cientistas e visionários contribuíram para o fortalecimento dos computadores, mas foi durante as décadas de 1970 e 1980 que dois nomes mudaram o panorama dos computadores e de toda a indústria de entretenimento: Steve Jobs e Bill Gates.

Em 1976, Steve Jobs e seu amigo e sócio Stephen Wozniak lançam o primeiro microcomputador comercial, o Apple I. Esse fato influenciou uma série de inventores, entre eles, Bill Gates. Em 1981, a IBM lançou o seu PC (personal computer), que se tornou um sucesso comercial. O sistema operacional usado foi o MS-DOS, desenvolvido pela empresa de softwares Microsoft. Na época, Bill Gates, dono da Microsoft, convenceu a IBM e as demais companhias a adotarem o sistema operacional de sua empresa. Isso permitiria que um mesmo programa funcionasse em micros de diversos fabricantes. Em 1984, a Apple de Steve Jobs lançou o Macintosh, que revoluciono o sistema gráfico dos computadores, mas sem o sucesso comercial dos computadores da Microsoft.

A década de 1990 chegou para popularizar de vez o uso dos computadores pelos usuários comuns e em diversos segmentos. No cinema, filmes como *Jurassic Park* (1993), que cria dinossauros em softwares 3D, só são possíveis porque os computadores ficaram mais acessíveis em relação ao custo, e muito mais potentes em sua capacidade de processamento e armazenamento.

O desenvolvimento dos computadores e da informática exerceu um grande impacto no modo de produção da sociedade. O computador se tornou uma importante ferramenta de trabalho, contribuindo para o aumento da produtividade, a redução de custos e a melhoria da qualidade dos produtos. Ao mesmo tempo, essa automação progressiva eliminava diversos postos de trabalho, como os casos dos datilógrafos e dos caixas de banco, uma tendência conhecida como desemprego estrutural. No entanto, a informática criou novas profissões que demandam o domínio das tecnologias da atualidade por parte dos novos profissionais. Foi justamente na área das comunicações que ocorreu a grande inovação que revolucionou o mundo: a internet.

A internet surgiu na década de 1960, com a proposta de interligar computadores de centros de pesquisas, universidades, instalações militares e o Pentágono. Em um período da Guerra Fria, havia um grande temor de uma nova guerra mundial. Além disso, os Estados Unidos tinham receio de que um ataque por parte dos soviéticos destruísse a capacidade de reorganizar dados e informações acumulados durante anos. Foi desse temor que surgiu a Arpanet, uma rede de uso estritamente militar. As primeiras mensagens foram enviadas entre instituições universitárias americanas, supervisionada pelos militares. Foi somente mais tarde, na década de 1980, que essa rede se expandiu para fins comerciais, educacionais e privados. Por motivos de segurança e sigilo, em 1983, o acesso militar da Arpanet migrou para a Milnet, uma rede exclusiva para uso militar, separando o acesso civil. Em 1989, foi criada a World Wide Web (WWW), um sistema de distribuição de documentos e informação que, logo após a sua criação, passou a ser utilizado pelo grande público em geral. No Brasil, a internet chegou em 1988, mas se popularizou a partir de 1994, tornando o país um dos que mais tinham usuários navegando. Apesar de a internet ter se tornado o principal meio de comunicação, ainda há milhares de pessoas sem acesso, inclusive no Brasil.

DICA

Algumas indicações de filmes para saber mais sobre os assuntos mencionados:

- *Jobs* (2013, direção de Joshua Michael Stern)

  O filme apresenta a trajetória de Steve Jobs, que, junto com seu amigo Steve Wozniak, inicia uma revolução informática com a invenção do Apple I, o primeiro computador pessoal.

- *Piratas do vale do silício* (1999, direção de Martyn Burke)

  Esse filme, também conhecido como "Piratas da informática", expõe as disputas envolvendo o início da popularização dos computadores e as aflições dos amigos Steve Jobs e Steve Wozniak, fundadores da Apple, e os estudantes de Harvard, Bill Gates, Steve Ballmer e Paul Allen, que criariam a Microsoft.

- *O jogo da imitação* (2014, direção de Morten Tyldum)

  Durante a Segunda Guerra Mundial, o matemático e cientista Alan Turing lidera uma equipe de analistas de criptografia para decifrar o famoso código alemão Enigma e criar um dos primeiros computadores modernos.

SISTEMA ANALÓGICO, SISTEMA DIGITAL E NOVAS FORMAS DE CONSUMO

O conceito de analógico e digital

A utilização do termo digital faz parte de nosso vocabulário principalmente porque a sociedade passou a utilizar circuitos e técnicas digitais em praticamente todos os setores: medicina, ciência, indústria, comércio, lazer e comunicação. Todos esses setores lidam com quantidades, que são medidas, monitoradas e manipuladas. Essas quantidades podem ser basicamente representadas de duas formas: analógica ou digital.

O formato analógico é composto por um sinal contínuo com uma variação em função do tempo. Podemos representá-lo com uma curva que apresenta intervalos com valores que variam entre 0 e 10, sendo que uma das principais características do sinal analógico é passar por todos os valores intermediários possíveis (exemplo: 0.01, 0.02, 0.05, 0.611, 3.435, 6.55...), o que resulta em uma faixa de frequência bem maior que o sinal digital. Vários exemplos de sinais analógicos podem ser encontrados na natureza. Até mesmo o som de nossa voz pode ser representado como algo análogo a esse formato. Outro exemplo de nosso cotidiano são as correntes elétricas.

O sinal digital tem valores discretos, com números descontínuos no tempo e na amplitude. Enquanto o formato analógico apresenta variações infinitas entre cada um de seus valores, o digital assumirá sempre valores discretos (0, 1, 2, 3, 4, 5, 6, 7, 8, 9, 10), diminuindo a faixa de frequência entre eles e a oscilação.

Figura 1.2 – Representação do sinal analógico e do sinal digital

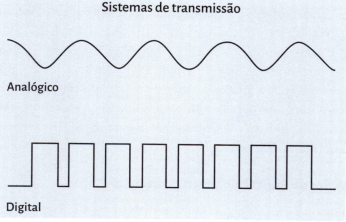

O significado da palavra "analógico" é uma relação de semelhança que se estabelece entre dois ou mais objetos ou entidades distintas. A etimologia da palavra vem do grego *analogia*, que significa "proporção". Podemos afirmar então que dois objetos são análogos se eles têm semelhanças entre si. As quantidades analógicas têm como principal característica poder variar ao longo de uma faixa contínua de valores. A analogia foi utilizada em diversos sistemas, como na medição do tempo. Por meio de um sistema mecânico, podemos fazer uma analogia entre o movimento dos ponteiros de um relógio e a passagem do tempo. Assim, quando os dois ponteiros estão enfileirados no número 12, sabemos que é meio-dia ou meia-noite. Outra utilização da analogia muito comum é em termômetros e nas balanças; ou, ainda, quando verificamos a variação de velocidade pelos ponteiros do marcador de velocidade de um carro em movimento de 0 até 100 km/h em uma estrada de alta velocidade.

As quantidades digitais não são representadas por quantidades proporcionais, mas por símbolos, denominados dígitos. Vejamos o exemplo do relógio: um relógio digital apresenta a hora do dia na forma de dígitos decimais, que representam as horas e minutos. O tempo nesse relógio é apresentado a cada mudança dos dígitos dos números, minuto a minuto, dígito a dígito. No entanto, o tempo varia de forma contínua.

De origem árabe, o sistema de numeração decimal (ou de base dez) consolidou seu uso principalmente depois que a sociedade se interessou em medir suas riquezas acumuladas, a partir do final da Idade Média. Diversas mudanças vêm ocorrendo no mundo nas últimas décadas, do meio analógico para o meio digital, principalmente pelo crescente avanço tecnológico, que contribuiu para que o acesso à informação se tornasse algo rápido e prático. As novas gerações nascem dentro de uma era digital, crescendo e aprendendo com aparelhos eletrônicos que não apenas proporcionam informação, diversão e entretenimento, mas também auxiliam em diversas atividades educativas.

O analógico e o digital na indústria musical

A indústria musical lidou durante anos com os sistemas analógicos. Em 1887, o inventor alemão naturalizado americano Emile Berliner conseguiu uma patente para uma forma de gravar e transmitir som por meio de um disco, ao qual chamou gramofone. Uma década antes, o inventor Thomas Edison tinha apresentado o seu fonógrafo, que é, ainda hoje, considerado o primeiro instrumento capaz de gravar som, por meio da rotação de um cilindro. No final do século XIX e início do século XX, essas tecnologias competiram como as principais formas de gravar e transmitir som, naquela que pode ser considerada a primeira guerra de formatos na música. O gramofone e o disco venceram essa batalha, sendo amplamente usados por artistas e orquestras para gravar seus trabalhos, tocar nas rádios e chegar pela primeira vez para o grande público ouvir em suas residências.

A transmissão analógica do rádio começou no século XX e é utilizada até hoje. Esse tipo de sistema de som conta com a transmissão de ondas eletromagnéticas. Assim, o áudio é modulado diretamente em FM (frequência modulada) ou AM (amplitude modulada). O ouvinte, em sua casa ou em seu carro, capta as frequências (FM ou AM) diretamente das transmissões de rádio para o seu aparelho analógico, com ondas transmitidas continuamente, sem interrupção de som. Um dos problemas das transmissões analógicas é a interferência de outras transmissões, mas ainda hoje podemos ligar um rádio fabricado na década de 1960 e ouvir uma transmissão, desde que tenha as frequências AM ou FM. Hoje, o mercado oferece aparelhos receptores de rádio no formato digital, e há um estudo em andamento da migração do sistema analógico para o digital como, aconteceu com a televisão digital no Brasil. É muito comum que motoristas que trafegam pela avenida Paulista, em São Paulo, tenham que ajustar seu rádio, uma vez que nessa avenida se concentra a maioria das emissoras de rádio da cidade, com suas grandes antenas. Mais à frente, no capítulo 5 deste livro, sobre o rádio, voltaremos a discutir essas questões.

As fitas cassete (ou K7) surgiram em 1963, como uma maneira de tornar portátil a reprodução de música. A tecnologia em um corpo plástico desenvolvida pela empresa americana Philips virou uma alternativa aos discos de vinil. Ela permitia, em média, 30 minutos de música de cada lado, mas a qualidade do som armazenado era bem inferior à dos discos de vinil, além de outra desvantagem: era necessário rebobinar as fitas (voltar para o início) para ouvir as músicas mais uma vez.

Figura 1.3 – Fita cassete (ou K7)

Mesmo com qualidade inferior, as fitas caíram no gosto popular, facilitando a gravação de músicas das rádios e permitindo que artistas iniciantes pudessem gravar suas próprias músicas. Em 1979, no Japão, foi criada a tecnologia que revolucionou a maneira de ouvir e lidar com as músicas: o walkman. Isso definitivamente popularizou as fitas cassetes, além de se tornar a marca da década de 1980. Uma curiosidade interessante é que o aparelho foi criado a pedido de um dos sócios da Sony, Akio Morita, que queria escutar óperas durante sua desgastante jornada de trabalho. Ele não imaginava que o walkman mudaria os rumos da música em todo o mundo.

O reinado do walkman e das fitas cassete encontrou um grande adversário: os CDs (compact discs). Criados também no ano de 1979, mas popularizados apenas na década de 1990, os CDs armazenavam 700 mb de dados e tinham uma qualidade melhor, tanto na gravação como na reprodução, além de outras vantagens, como mudarem de faixa rapidamente, terem maior vida útil e trazerem encartes com as letras de músicas – o que herdaram diretamente dos discos de vinil.

Durante a década de 1990, com a popularização dos computadores e da internet, surgiu outro formato que mudaria novamente os rumos da indústria digital: o MP3. Esse formato foi criado pela empresa Moving Picture Experts Group (MPEG), e o numeral 3 se refere às camadas de compressão que o formato de música recebe para compactar o arquivo final, eliminando ruídos desnecessários e deixando o arquivo final bem mais leve, sem grande perda de qualidade (embora músicos mais puristas discordem disso).

Com o surgimento do Napster, em 1999, a troca de arquivos e o download de músicas virou mania entre os jovens. O processo ainda era lento, mas muito usado. Ainda sem os MP3 players, os CD-R se tornaram um sucesso. Os discos graváveis, com capacidade de, no mínimo, 650 MB, permitiam a novidade de fazer um álbum com as faixas prediletas.

Em 2001, Steve Jobs apresentou o iPod, um aparelho digital com 5 GB de memória, que comportava cerca de mil músicas. Inicialmente muito criticado pelo alto custo, o iPod foi considerado caro e nada inovador, com pouca aceitação do público consumidor. Logo o público entendeu que a Apple e Steve Jobs haviam criado um aparelho diferente dos tocadores de MP3, que apresentavam pouca memória, pouca bateria e, principalmente, baixa qualidade dos áudios e das músicas. O iPod trouxe para os apreciadores de música uma experiência simples, funcional e com grande qualidade. Com o lançamento do iPod e a difusão de sites de onde era possível baixar músicas, uma nova tendência foi impulsionada: a produção de podcasts. Apesar de o conceito e a possibilidade de trocar arquivos e gravar seus próprios programas já existissem desde a década de 1990, o primeiro podcast é atribuído a Adam Curry, um ex-Vj da MTV americana, que lançou o primeiro agregador de podcast. Nas décadas seguintes, a produção de podcasts cresceria rapidamente, criando uma concorrência com as emissoras de rádio.

O analógico e o digital na indústria audiovisual

Em 1895, os irmãos Lumière criaram os primeiros filmes em películas (também conhecidas como filmes) de 35 mm e com uma bitola cinematográfica feita para a fotografia fixa, adaptada para a utilização no cinema. Esse formato foi utilizado como padrão para as produções cinematográficas em todo o mundo, com poucas exceções. Em 1927, a película 35 mm foi adaptada para receber o som óptico. Com o passar do tempo, outros formatos foram surgindo como possibilidades criativas: 8 mm, 16 mm, 70mm, Super 8. Todos esses formatos são considerados analógicos e necessitam de um projetor para sua exibição.

Figura 1.4 – Película cinematográfica

Uma película fotográfica é um material fino e flexível composto por uma base de plástico (normalmente acetato de celulose ou poliéster) recoberta com uma emulsão de gelatina contendo cristais de halogeneto de prata. Quando expostos à luz, esses cristais sofrem uma mudança química, criando uma imagem latente que se torna visível após um processo de revelação química. A película fotográfica é usada para capturar imagens em fotografia e cinema, armazenando informações visuais que podem ser posteriormente transformadas em impressões fotográficas ou projetadas em telas de cinema.

Cada rolo de filme era armazenado em uma lata com 15 cm de altura e tinha capacidade para até 25 minutos de filme, de modo que um longa-metragem exigia entre quatro e oito rolos. Na exibição, o fim de um rolo era colado ao início do próximo. Com a digitalização, os cinemas passaram a receber um disco rígido (HD) com terabytes de informação, contendo todas as versões de um filme, como 2D, 3D, IMAX ou ainda, se é dublado ou legendado, além dos diferentes formatos de som. Esse HD facilitava o processo de projeção em relação às películas, mas na sala de exibição, era necessário fazer a cópia dos arquivos que seriam exibidos em cada sala, além de fazer a programação dos projetores digitais.

Mesmo com o avanço da tecnologia digital, o filme de 35 mm permanece como uma das escolhas mais comuns para filmagens em todo o mundo, embora seu uso para projeção tenha diminuído. Além disso, ainda é amplamente empregado na captura de imagens para publicidade e videoclipes em muitos países, principalmente devido às suas opções estéticas.

Com a popularização da televisão na década de 1950, foram testados vários sistemas de transmissão, mas os que ficaram definidos foram os sinais transmitidos pelas emissoras de TV por meio de estações de radiodifusão operando nas faixas de frequências de VHF (very high frequency, ou, em português, frequências muito altas) e UHF (ultra high frequency, frequências ultra altas). A faixa de VHF compreende os canais de 2 a 13 e a faixa de UHF, os canais de 14 a 59. No Brasil, esse sistema operou dominante até 2007, quando foi implantada a televisão digital.

Ao longo do tempo, várias experiências foram feitas nas emissoras de televisão e no mercado audiovisual para produzir e transmitir. Em 1969, um grande passo nesse desenvolvimento foi dado pelos técnicos da empresa japonesa Sony, que desenvolveram o cassete: um compartimento para armazenar as fitas magnéticas, que facilitou muito o manuseio e a conservação do material gravado (Diogo, 2022). Há muitos casos de sistemas de baixa qualidade que fizeram enorme sucesso junto ao público, enquanto sistemas de melhor qualidade foram preteridos.

Ao longo dos anos, outros sistemas surgiram e chegaram a um custo menor para o grande público, que começou a produzir seus próprios filmes caseiros. Um exemplo é o sistema de gravação magnética de vídeo, VHS (video home system), com 240 linhas de resolução, de qualidade inferior ao padrão de broadcasting (beta), com 330 linhas de resolução, que se tornou um padrão na distribuição de fitas para alugar; enquanto o sistema S-VHS (super VHS), de qualidade superior, com 400 linhas de resolução, teve uma penetração muito mais restrita, ficando limitado ao uso profissional e semi-profissional (Fasolo, 2000).

Na década de 1990, foi lançado o DVD e, aos poucos, os usuários comuns foram migrando do VHS para esse novo formato, que logo se tornou um sucesso de vendas. Além da qualidade de som e imagem, o DVD permitia interatividade com o usuário. Na década de 2000, quando o DVD estava cada vez mais ganhando mercado, a Sony lançou o blu-ray, um formato superior ao DVD em qualidade de áudio e vídeo, com armazenamento de 25 GB em uma camada e maior interatividade no conteúdo para o usuário. É importante ressaltar que os serviços de streaming, como a Netflix, em seus primeiros anos de operação, ofereciam um vídeo de menor qualidade do que o blu-ray.

A televisão digital surgiu no Brasil em 2007 e pouco a pouco os telespectadores tiveram que trocar seus aparelhos analógicos (mesmo que em bom estado) para aparelhos digitais ou utilizar conversores digitais. A primeira cidade a desligar o sinal analógico totalmente no Brasil foi Rio Verde, no estado de Goiás, em março de 2016. Em março de 2017, o sinal analógico de televisão foi desligado em São Paulo, e em novembro do mesmo ano, no Rio de Janeiro. Em 2021, foi instituído o programa Digitaliza Brasil pelo Ministério das Comunicações, tendo como meta digitalizar a televisão em todos os municípios brasileiros, encerrando definitivamente a transmissão de televisão por sinal analógico. Além disso, o desligamento do sinal analógico visava liberar a faixa de 700 MHz para a expansão das redes 4G de telefonia em todo o Brasil.

A chegada do digital e das novas formas de consumo

Pensando na sociedade e em como as pessoas lidam com os sistemas analógicos e digitais e com os aparelhos envolvidos, podemos afirmar que existem dois tipos de pessoas no mundo hoje: nativos digitais e os nativos analógicos. Os nativos analógicos são que são pessoas que nasceram entre as décadas de 1940 e 1970, enquanto os nativos digitais (também chamados de millenials ou geração Y) são aqueles nascidos de 1980 até meados da década de 1990. A principal diferença entre essas gerações não é apenas a idade, mas como lidam com a tecnologia e a realidade.

A expressão "nativos digitais" foi utilizada em um artigo pelo americano especialista em educação Marc Prensky, em 2001, quando se referiu a todos os nascidos após o ano de 1980, cujo desenvolvimento biológico e social se deu em contato direto com a tecnologia. Os nativos analógicos nasceram, aprenderam e se desenvolveram em um período em que a tecnologia era algo que se adicionava às nossas vidas e, muitas vezes, era encarada como uma distração ou fuga da vida real. Os nativos digitais, entretanto, nasceram, aprenderam e se desenvolveram de forma que muitas vezes encaram a vida real de um jeito diferente dos nativos analógicos. Os nativos digitais querem vivenciar a vida digital, e o que os distrai é a vida real. Muitas vezes, para um nativo digital, a realidade primária não é o mundo externo, mas dentro de alguma tela: smartphone, videogame, laptop ou tablet. A realidade externa é a adição, a experiência secundária da vida e da realidade preponderantemente digital.

Podemos pensar nisso como uma dicotomia em que nativos digitais não se misturam com nativos analógicos; uma disputa de nativos digitais *versus* nativos analógicos; ou, ainda, que com o surgimento de computadores, smartphones e tablets, todas as mídias convergiriam para o digital. Assim, ler livros de papel, assistir a filmes no cinema em película de 35 mm ou ouvir discos em vinil seriam ações condenadas a acabar. Produzir em mídias analógicas, nem pensar!

Mas não é tão simples assim. No livro *Cultura da convergência* (2008), Henry Jenkins, escritor e pesquisador do Instituto de Tecnologia de Massachusetts (MIT), nos apresenta que convergência digital é a "palavra que define mudanças tecnológicas, industriais, culturais e sociais no modo como as mídias circulam em nossa cultura" (Jenkins, 2009, p. 332). Jenkins acredita que a convergência esteja na movimentação de conteúdos por meio de diferentes plataformas, geralmente envolvendo a união entre diferentes indústrias midiáticas, o que, atualmente, acontece de maneira fluida e estratégica. Portanto, o diferencial, portanto, é que, nesse caso, a relação de poder entre produtor de conteúdo e consumidor é ligada por uma linha tênue, sendo moldada a cada interação. A convergência é um processo que vai se adaptando a cada novidade tecnológica lançada ou a cada novo modo de consumo de um conteúdo.

O smartphone foi lançado inicialmente para ser um aparelho digital exclusivo para conversar e se comunicar com outras pessoas, como o telefone fixo. No entanto, ele se tornou um dispositivo para jogar, assistir vídeos, ouvir músicas, tirar fotos, ler textos. No mesmo aparelho, simultaneamente, se consome e se produz, além da interação com outros usuários. O que seria das redes sociais sem os conteúdos criados pelos usuários "comuns" em seus smartphones?

Os diretores hollywoodianos Christopher Nolan e Quentin Tarantino exibiram recentemente cópias de seus filmes em películas de 70 mm – um formato de qualidade superior ao de 35 mm, por um apelo nostálgico, além de estético. Hoje, um artista musical tem a possibilidade de lançar suas músicas para um público específico no YouTube ou no Spotify, sem a necessidade de tocar em uma rádio ou estar ligado diretamente a uma gravadora. No entanto, ainda temos artistas lançando seus trabalhos em vinil. A indústria do disco em vinil cresceu no ano de 2023 (Agência Brasil, 2023), ultrapassando a venda de CDs, o que não acontecia desde 1987.

O mais importante a se pensar sobre essa disputa entre analógico e digital é que o consumidor não é meramente um ator passivo nesse cenário, e sim um potencial produtor de conteúdos e de novas tendências. Esse novo consumidor também lida de uma nova forma com os meios de comunicação, analisando, criticando e participando.

DICA

Saiba mais sobre o assunto assistindo ao filme *A rede social* (2010), de David Fincher. O filme apresenta a trajetória de Mark Zuckerberg, criador do Facebook, como aluno da faculdade de Harvard. É interessante pelo aspecto da relação dos nativos digitais e por apresentar rapidamente o criador do Napster, Sean Parker, interpretado pelo ator Justin Timberlake, e como ele enxerga a revolução na indústria musical.

ARREMATANDO AS IDEIAS

Os impactos sociais promovidos pelos meios de comunicação são imensuráveis – e isso não é recente. É possível imaginar sua vida sem a internet? E veja que ela não faz parte de nossa realidade há tanto tempo assim. Desde a Pré-História, com as pinturas rupestres e desenhos nas cavernas, que serviam como registros das atividades realizada naquele período, como as caças de animais ou a interação com natureza, a necessidade de comunicação já se manifestava. Depois, tivemos a invenção da escrita que, na Antiguidade, era privilégio de poucos.

Com a escrita, era possível enviar cartas, criar códigos e registrar leis que não se baseavam apenas na tradição oral, mas estavam gravadas em pedra ou papiro. A oralidade deixou de ser a única forma de manter memórias. A primeira invenção que democratizou a comunicação foi a prensa de Johannes Gutenberg, considerada por muitos como o embrião da imprensa moderna. Com a criação da prensa, materiais como livros e documentos, que antes precisavam ser copiados à mão, puderam ser produzidos com muito mais rapidez, configurando uma verdadeira revolução.

Com o desenvolvimento da eletricidade, líderes de estado puderam transmitir informações sigilosas por meio do código Morse. Em seguida, veio o rádio. Famílias inteiras se reuniam ao redor do aparelho para ouvir novelas, transmissões esportivas e noticiários.

Quase simultaneamente surgiu o telefone, que permitia o diálogo direto entre duas pessoas em lugares diferentes. Como toda nova tecnologia, o telefone era caro e apenas as famílias mais ricas e os órgãos públicos podiam adquiri-lo. Com o tempo, ele se popularizou, e hoje já perdeu espaço para o celular.

A televisão, primeira mídia com imagem e som, surgiu apenas no século XX e logo se tornou a preferida dos brasileiros, como veremos mais adiante. Mas levou algum tempo para se popularizar aqui – e, mais uma vez, o preço elevado foi o principal motivo. Inicialmente em preto e branco, depois em cores e, atualmente, com alta definição e muitos recursos.

Para finalizar, chegou a internet, uma criação que rompeu todas as fronteiras. Uma mídia que não apenas reuniu todos os veículos de comunicação em um só, mas também possibilitou um acesso mais fácil à informação. Hoje em dia, é possível, com um smartphone conectado, acessar conteúdo do mundo inteiro sem sair do lugar.

Podemos afirmar que não vivemos mais sem os meios de comunicação. Eles se tornaram tão essenciais em nossa sociedade que seria impossível imaginar uma rotina sem seu suporte. Seja para informar, comunicar, divertir ou trabalhar, não há ninguém no mundo que não utilize ao menos uma mídia

CAPÍTULO 2

Teorias da comunicação

Em um estádio de futebol lotado se encontra uma grande massa, com indivíduos diferentes com o mesmo objetivo: entretenimento.

Os primeiros estudos da comunicação dedicam-se a entendê-la como um fenômeno na formação de multidões em cidades, o controle da opinião pública e até a mercantilização da produção cultural. A grande questão que sempre atravessou os estudos comunicacionais tem sido o poder da mídia. A passagem do século XIX para o XX, período conhecido como Era Moderna, assistiu ao surgimento e desenvolvimento dos "modernos" meios de comunicação de massa: a imprensa de grande tiragem, o rádio e o cinema.

As primeiras teorias sobre o potencial e os efeitos desses novos meios mostram dois tipos de preocupação: um de natureza ética, questionando o que os meios de comunicação de massa podem fazer com as pessoas; e outro de viés mercadológico, focado no interesse em entender como os meios de comunicação podem influenciar no comportamento das pessoas, sejam consumidores ou até mesmo eleitores. Os estudos não ficam centrados apenas nos impactos dos meios de comunicação, mas também na formação das massas. Fizemos aqui um recorte de algumas das principais teorias, com o objetivo de incentivar o leitor a questionar o poder dos meios de comunicação e entender a importância destes em nossa sociedade.

Cabe aqui uma ressalva: as teorias apresentadas têm um caráter analítico, o que quer dizer que uma teoria não anula nem é melhor que a outra. Devido às circunstâncias sociais, políticas e educacionais, podemos verificar mais de um fenômeno ocorrendo, o que apenas ressalta a importância de uma visão crítica dos meios de comunicação. Conforme os autores ou as escolas estudadas, pode haver divergências sobre a estrutura aqui feita. Nosso objetivo maior é apresentar um panorama dessas teorias.

A SOCIEDADE DE MASSA

Para iniciar nossos estudos, precisamos entender o que é a massa, ou a sociedade de massa, termo utilizado para descrever a nova ordem social do século XX, formada após a Primeira Guerra Mundial e caracterizada pela convivência de grandes grupos em um mesmo contexto social. Podemos descrever a sociedade de massa como aquela em que a maioria da população está envolvida. Uma definição apresentada pelas autoras Temer e Nery (2004) trata a sociedade de massa como uma sociedade resultante da industrialização, da grande quantidade de pessoas nas cidades e que enfraquece os laços sociais tradicionais, como a família ou a comunidade.

Podemos acrescentar que a sociedade de massa tem grande participação nos meios políticos e culturais, utilizando-se dos meios de comunicação de massa. No final do século XIX e início do século XX, a sociedade de massa fez surgir uma nova relação entre os cidadãos, que fazem parte do seu meio social e se sentem acolhidos, ao mesmo tempo que começam a desenvolver ideais nacionalistas. Agora, o coletivo é maior do que o indivíduo, sobretudo pela crescente urbanização e pela necessidade de um Estado que normatiza e legitima essa nova sociedade.

A massa e os meios de comunicação se relacionam diretamente com a sociedade de massa por conta da homogeneização de comportamentos e costumes na sociedade. Nos estudos que veremos a seguir, ora a massa é tradada como um ser quase único e manipulável pelos meios de comunicação, ora participa e decide, tendo como elemento principal os meios de comunicação.

ESTUDOS DA COMUNICAÇÃO

Como já vimos no capítulo 1, o ser humano tem a necessidade de se comunicar e, ao longo de sua história, técnicas de comunicação foram se desenvolvendo, novos meios foram sendo criados e tanto seu alcance quanto sua velocidade foram aumentando. Foi apenas no início do século XX que os fenômenos de comunicação se tornaram objeto de estudo, principalmente pelo desenvolvimento dos meios de comunicação de massa. É importante ressaltar que nesse período, a imprensa já havia se consolidado na população, sobretudo a urbana; a literatura popular tinha a aceitação de grande parte do público; cinema e rádio começavam a se aperfeiçoar, assim como a propaganda.

A comunicação tem sido objeto de estudo em diversas disciplinas, como antropologia, sociologia e psicologia, com abordagens distintas. No entanto, os primeiros estudos dedicados exclusivamente à comunicação e seus efeitos na sociedade surgiram no século XX. Os primeiros estudos sobre comunicação foram desenvolvidos nos Estados Unidos nas décadas de 1920 e 1930, se estendendo em seguida para a Europa. Muitos desses estudos aconteceram de forma paralela, tendo visões distintas do poder dos meios de comunicação de massa. Vejamos a seguir alguns dos principais estudos de comunicação.

TEORIA DA AGULHA HIPODÉRMICA

A teoria da agulha hipodérmica (também conhecida como teoria da bala mágica) foi um modelo implementado por pesquisadores da Escola de Chicago, nos Estados Unidos, para examinar como as mensagens são recebidas pela massa quando são difundidas de maneira rápida por um público muito grande. O pesquisador Harold Lasswell (1902-1978) foi um dos primeiros estudiosos a teorizar a comunicação. Lasswell analisou os meios de comunicação de massa para estudar os efeitos da propaganda, principalmente no período entre as duas guerras mundiais, com o objetivo de compreender as influências da comunicação no comportamento da população.

A teoria da agulha hipodérmica influenciou todo o pensamento comunicacional da primeira metade do século XX e se tornou um ponto de partida essencial como um dos primeiros estudos sobre a importância da comunicação de massa. Laswell utiliza os conhecimentos do behaviorismo, uma teoria psicológica também conhecida como comportamentalismo, que defende que a psicologia humana pode ser estudada observando o comportamento das pessoas. Outro ponto importante do behaviorismo de que a teoria da agulha hipodérmica se apropria é que toda resposta corresponde a um estímulo, ou seja, a partir de um estímulo, haverá uma resposta.

Os indivíduos das pesquisas são analisados e compreendidos de acordo com suas respostas aos estímulos que receberam. Uma das experiências mais conhecidas dentro do behaviorismo é a do pesquisador russo Ivan Palov, em que ele estimula um cachorro com comida e a resposta é o cachorro salivando. Pavlov começou a estimular o animal não apenas entregando a comida, mas também tocando uma sineta. Ao final, apenas de ouvir tocar a sineta, sem receber a comida, o cachorro respondia ao estímulo com a mesma resposta, ou seja, salivando.

Este esquema estímulo/resposta é essencial para a teoria da agulha hipodérmica. Laswell e os primeiros pesquisadores acreditavam que os meios de comunicação de massa enviam estímulos que seriam imediatamente respondidos pelos receptores. A audiência é vista como uma massa pouco ativa, que responde aos estímulos imediatamentede maneira imediata e de forma igualitária. Os meios de comunicação de massa, ao enviarem um estímulo – uma propaganda, por exemplo –, teriam como resposta o comportamento desejado pelos emissores, desde que o estímulo fosse aplicado da maneira correta.

O nome da teoria é originário das agulhas que injetam os medicamentos e vacinas nos pacientes, do latim *hipo:* abaixo; e *derme*: pele. Acreditava-se que as agulhas inserindo o medicamento tinham resultado imediato e uniforme nos pacientes. Por outro lado, os pesquisadores comunicacionais acreditavam que a mídia é vista como uma agulha, que injeta seus conteúdos diretamente no cérebro dos receptores, sem nenhum tipo de barreira ou obstáculo. Essa visão pessimista dos meios de comunicação de massa, sendo onipotentes e onipresentes, foi muito validada por alguns eventos midiáticos das primeiras décadas do século XX. Um dos primeiros exemplos foi a transmissão radiofônica do romance *A guerra dos mundos*, do escritor H. G. Wells, organizada pelo então jovem radialista e dramaturgo Orson Welles (que se tornaria um dos maiores cineastas de todos os tempos), no dia 30 de outubro de 1938. No livro clássico de ficção científica, que teve adaptações para o cinema, H. G. Wells relata um ataque de marcianos que destrói várias cidades inglesas (inclusive Londres) e escravizam toda a humanidade, ao mesmo tempo que alguns homens e mulheres tentavam sobreviver. Para dar maior realismo à narrativa, Welles transformou a história em um noticiário jornalístico em terras americanas, informando que o planeta Terra estava sendo invadido por alienígenas. O resultado da transmissão foi um pânico generalizado, uma vez que boa parte dos ouvintes não se atentou ao início da programação, que avisava que tudo não passava de ficção. Vários cidadãos americanos saíram para as ruas armados e prontos para a luta contra os marcianos.

CURIOSIDADE

A utilização da mídia por outros regimes autoritários, tanto de esquerda quanto de direita, fez surgir várias obras literárias, como os clássicos *Admirável mundo novo*, de Aldous Huxley, e *1984*, de George Orwell, em que a mídia é tratada com todo o seu poder, vigiando a tudo e a todos e manipulando a grande massa.

O resultado foi positivo para Orson Welles, pois ele se tornou uma celebridade, no entanto, boa parte da população acreditou que os meios de comunicação de massa tinham um poder irrestrito sobre público em geral. É bom lembrar as condições que aconteceram essa transmissão, ou seja, o rádio era o primeiro meio de comunicação de massa a entrar nas residências, causando um grande fascínio no grande público, não apenas nos Estados Unidos, mas em todo o mundo.

Durante as décadas de 1930 e 1940, o mundo vivenciou outra grande experiência comunicacional: a utilização do rádio e do cinema pelo regime nazista, fazendo com que a população alemã se engajasse nas frentes de batalha. O ministério da propaganda nazista, liderado por Joseph Goebbels, controlou totalmente os meios de comunicação de massa (jornais, revistas, cinema e rádio), além das expressões artísticas (publicação de livros, exposições, reuniões públicas, entre outras). As ideias ou manifestações que contrariavam o regime nazista foram censuradas e excluídas da mídia unilateralmente, e seus responsáveis, perseguidos ou presos pelo partido nazista.

Os Estados Unidos, por outro lado, utilizariam um símbolo renovado do Tio Sam com o mesmo objetivo: alistar soldados para os campos de batalha. A criação do personagem Capitão América no ano de 1941 e, mais tarde, os filmes produzidos para o cinema ajudaram a alistar milhares de jovens que, ao sair da sessão, encontravam um posto de alistamento, além de deixar favorável a opinião pública da população civil a favor da campanha americana na Segunda Guerra Mundial.

A teoria da agulha hipodérmica foi muito criticada por ser considerada simplista, sem considerar o receptor e suas características individuais, além de sua capacidade de escolha. Muitos pesquisadores e comunicadores a consideram obsoleta em suas formulações originais, mas não descartam a sua importância para a análise dos meios de comunicação de massa e outros estudos da comunicação moderna.

Pesquisadores como Defleur e Ball-Rokeach (1993) esclarecem que não restam dúvidas quanto à eficácia da propaganda durante a Primeira Guerra Mundial. Entretanto, não se pode concluir de forma assertiva que uma única teoria seria capaz de explicar seus efeitos. A teoria hipodérmica foi o primeiro modelo de teoria da comunicação. Após seu desenvolvimento, foram produzidos muitos outros estudos comunicacionais e surgiram diversas teorias, como formas melhoradas da teoria inicial.

TEORIA FUNCIONALISTA

Surgida também na Escola de Chicago, a teoria funcionalista foi formulada pelos pesquisadores Paul Lazarsfeld, Harold Lasswell e Robert Merton, com forte influência da filosofia positivista, e aborda os meios de comunicação de massa no seu conjunto. O objetivo dessa teoria já não são os efeitos, mas as funções exercidas pela comunicação, o que a distancia da teoria da agulha hipodérmica. Enquanto a teoria da agulha hipodérmica trata de manipulação, a teoria funcionalista fala sobre como as comunicações de massa constituem essencialmente uma abordagem global que explicitaria as funções exercidas pelo sistema das comunicações de massa.

Na teoria funcionalista, os meios de comunicação são um dos setores da sociedade e possuem funções determinadas que devem cumprir adequadamente , contribuindo para o bem de toda a coletividade. Entre essas funções (que têm divergências entre os pesquisadores) estão a manutenção da sociedade e o controle das tensões, a adaptação ao ambiente, a perseguição do objetivo do grupo social e a integração dos demais setores. Aos meios de comunicação compete promover a ordem da sociedade, evitar conflitos e transmitir informações que contribuam para o pleno desenvolvimento das atividades humanas.

A teoria funcionalista define o problema dos meios de comunicação de massa a partir do ponto de vista do funcionamento da sociedade e da contribuição que esses meios dão a esse funcionamento, representando uma importante etapa na crescente e progressiva orientação sociológica da pesquisa da comunicação. A visão orgânica da sociedade, onde cada parte exerce uma função específica em busca da harmonia e do equilíbrio social, é o que propõe o posicionamento funcionalista. Harold Lasswell apresenta alguns conceitos desenvolvidos com a filosofia positivista. Ele elabora uma proposta de ato de comunicação, que será conhecido como paradigma de

Lasswell, ao responder às seguintes perguntas: quem diz o quê? Em que canal? Para quem e com que feito? As repostas a essas questões acabam por estabelecer os campos de estudos científicos do processo de comunicação, como análise de controle ou emissor; análise do conteúdo das mensagens; análise dos meios de comunicação; e análise de audiência e impacto sobre os receptores. A inovação estaria presente nesse último campo, pois a mídia causaria transformações nos receptores, fazendo surgir novos conhecimentos, comportamentos, atitudes, opiniões, emoções e atos (Mattelart; Mattelart, 2004). No posicionamento de Lasswell, percebe-se a presença de um emissor, comunicador que detém o controle, que é o agente de toda a ação de comunicação. O receptor, nesse caso, é percebido como mera audiência, um ser passivo objeto da ação comunicacional.

Em outro estudo da teoria funcionalista, Paul Lazarsfeld descobriu que os grupos com os quais as pessoas convivem direcionam a leitura que elas têm dos meios de comunicação de massa. Essa teoria foi chamada de *two step flow* (fluxo da comunicação em dois tempos) e propõe que as mensagens passam por dois fluxos, sendo o primeiro deles composto pelos formadores de opinião, que podem reforçar ou anular as mensagens enviadas pelos meios de comunicação de massa. Os estudos também demonstram que a possibilidade de leituras dos meios de comunicação não é limitada aos objetivos dos emissores. As ideias se espalham ou se irradiam dos meios de comunicação para os formadores de opinião, seguindo destes para os setores menos ativos da população.

A teoria funcionalista representou um marco para a história da comunicação, e questões cada vez mais profundas passaram a ser estudas. Entender o que é função dos meios de comunicação é uma tarefa difícil, e pontuar as suas é bem mais complicado. Essa teoria representa uma transição entre as teorias americanas e as teorias europeias, que serão estabelecidas mais tarde.

TEORIA CRÍTICA

A chamada teoria crítica surgiu em 1924, na Alemanha, no âmbito da sociologia alemã, com a formação da Escola de Frankfurt e do Instituto de

Pesquisas Sociais de Frankfurt (Institut für Sozialforschung), sediados na Universidade de Frankfurt. A primeira geração de pesquisadores que integrou a Escola de Frankfurt foi composta por um grupo de intelectuais alemães de esquerda, dentre os quais, Walter Benjamin, Theodor Adorno, Max Horkheimer e Herbert Marcuse.

Podemos afirmar que a teoria crítica é baseada na interpretação ou em uma abordagem materialista, que tem caráter marxista de uma análise da sociedade industrial e dos fenômenos sociais contemporâneos, ou seja, tem como propósito explicar de modo histórico como era organizado o trabalho nas indústrias, o processo deles nesse ambiente. Não demorou muito para que as hipóteses formuladas na Escola de Frankfurt abrangessem áreas como direito, psicologia, psicanálise, comunicação social, entre outras.

Apesar de sua origem nos levar ao ano de 1924, a teoria crítica só conseguiu se estabelecer no final da década de 1940, após a Segunda Guerra Mundial e os terrores do nazismo. Inclusive, a primeira geração da Escola de Frankfurt era formada, em sua maioria, por judeus. Os pensadores da Escola de Frankfurt foram perseguidos pelo regime nazista, pois a maioria era de ascendência judaica, o que forçou a sua transferência para outras cidades como Genebra, na Suíça, e Paris, na França. Grande parte de suas pesquisas e pensamentos divulgadas após o término da Segunda Guerra Mundial, quando alguns dos seus membros também se transferiram para os Estados Unidos.

Walter Benjamin, um dos mais representativos autores da Escola de Frankfurt, em seu artigo "A obra de arte na época de sua reprodutibilidade técnica", publicado originalmente em 1936, destaca que a reprodução técnica trouxe uma contribuição positiva ao processo de produção. O autor discute como as técnicas de reprodução promovem acesso a obras de arte, que antes ficavam restritas a poucos grupos, como é o caso da imprensa, que viabilizaria possibilitaria o acesso a diversos tipos de literatura, assim como a fotografia possibilitou apreciar outras obras, como pinturas e esculturas. No entanto ao mesmo tempo que torna a arte mais acessível, essa reprodução em massa torna essas obras objetos de consumo e, segundo Benjamin, faz com que elas percam sua "aura", ou seja, percam seu valor exclusivamente artístico (Benjamin, 2012).

O estudo mais importante e, talvez, mais representativo da Escola de Frankfurt foi o livro *Dialética do esclarecimento*, elaborado por Adorno e Horkheimer, publicado originalmente em 1947 (embora os estudos acontecessem desde 1940). Nesse livro, os pesquisadores denunciam as estruturas ideológicas da dominação política (referindo-se à crise democrática e à ascensão de regimes totalitários na Europa). Os autores fazem críticas à indústria cultural, responsabilizando-a pela manipulação e pela homogeneização da sociedade.

A indústria cultural surgiu como forma de explicar o consumismo que o advento do capitalismo proporcionou. Além disso, tornou a arte e a cultura formas de produção industrial em queonde o consumismo, a partir do capital, era o ponto central. Esse conceito refere-se à produção em massa, que era comum nas indústrias, mas que passou a fazer parte de toda produção artística. Agora, o ator artístico e cultural estava se utilizando as técnicas do sistema capitalista.

Theodor Adorno e Max Horkheimer apresentam que a indústria cultural, que produz e circula mercadorias culturais pelos meios de comunicação, manipula a população. A cultura popular é a razão pela qual as pessoas se tornam passivas (Adorno; Horkheimer, 1985).

O consumo da cultura popular, assim como a homogeneização dos gostos, são estratégias da indústria cultural, em que tudo se torna um produto com o objetivo do lucro, independentemente da obra, seja um filme ou uma música. Todo o processo de produção, até chegar ao consumidor, é manipulado para atender aos interesses do capitalismo, mantendo uma estética dominante, tornando a cultura de massa um instrumento de dominação. Para os defensores dessa teoria, temas, símbolos e formatos são obtidos a partir de mecanismos de repetição e produção em massa, tornando a arte adequada para produção e consumo em larga escala. Ou seja, a mídia padroniza a arte como um produto industrial qualquer, causando a perda do aspecto artístico da obra, que é única e original.

Na indústria cultural, o indivíduo consome os produtos de mídia passivamente, pois o esforço de refletir e pensar sobre a obra é dispensado, uma vez que a obra "pensaria" pelo indivíduo. O consumidor acredita que é soberano para escolher, mas, na verdade, ele é um objeto dessa indústria, porque a mídia tem poder para implantar a necessidade de consumo.

De acordo com Adorno, a indústria cultural, criada pela mídia, era como um guia para criar a identidade social de muitas pessoas, sendo a referência de mundo delas, que vem por meio de uma televisão. Para Adorno, a cultura é transformada em mercadoria, desde a manipulação e as mensagens ocultas envolvidas (Adorno, 2006). A indústria cultural se encontra a serviço das classes dominantes, por isso ela é gerenciada de acordo com as suas necessidades e interesses. Assim, é promovido um padrão no qual as manifestações culturais devem se adequar para fazer sucesso.

Para a teoria crítica, a influência dos meios de comunicação de massa pode ser boa ou ruim, e seguir os padrões impostos pode ser uma forma de inclusão social, mas também causar alienação e dependência, tornando o ser humano menos autônomo em suas escolhas. Para resolver esse problema, os teóricos destacam que o indivíduo precisa ser objeto do seu futuro histórico, com menos acomodação e mais crítica ao que é apresentado como natural e necessário. Dessa forma, a mídia terá menos influência no indivíduo. Theodor Adorno também refletiu sobre o campo estético da arte, criticando o estado da arte sob o capitalismo. Segundo ele, a arte é usada sutilmente para propagandear o sistema capitalista e, dessa forma, perpetua a escravidão dos indivíduos imposta pelos meios de produção (Adorno, 2006).

TEORIA CULTUROLÓGICA E OS ESTUDOS CULTURAIS

À medida que a teoria crítica se transformava em referência para os estudos da comunicação e cultura, outra teoria, com análises muitas vezes opostas em suas reflexões, vinha sendo elaborada, sobretudo na cultura francesa, conhecida como teoria culturológica. Nessa teoria, a característica principal é o estudo da cultura de massa, distinguindo os seus elementos antropológicos mais relevantes e a relação entre o consumidor e o objeto de consumo. Sobre a comunicação, é possível identificar duas correntes de estudos culturais: a teoria culturológica, que surge entre os intelectuais franceses, dentre os quais o nome de destaque é Edgar Morin; e os chamados estudos culturais (*cultural studies*), que se desenvolveram na Inglaterra por intelectuais que fundaram um centro de pesquisa conhecido como o Centro de Birmingham, em 1964.

A teoria culturológica foi criada na década de 1960, na França, por iniciativa do sociólogo francês Georges Friedman, criador do Centro de Estudos das Comunicações de Massa (CECMAS), e teve como nome principal o antropólogo e sociólogo francês Edgar Morin. O marco inicial do CECMAS e seus estudos é atribuído ao lançamento do livro *Cultura de massa no século XX: o espírito do tempo*, de Edgar Morin.

Segundo Morin e outros pensadores, a mídia não é a única responsável pela padronização cultural ou pela alienação das massas. A teoria culturológica surge a partir de uma análise da teoria crítica e desenvolve um pressuposto distinto das demais teorias. Em vez de estudar apenas os efeitos ou funções da mídia, busca definir a natureza da cultura nas sociedades contemporâneas. Edgar Morin conclui que a cultura de massa não é autônoma, como afirmam outras teorias, mas está integrada à cultura nacional, religiosa ou humanística. Em outras palavras, a cultura de massa não impõe a padronização dos símbolos, mas utiliza a padronização que emerge espontaneamente do imaginário popular (Morin, 1962).

A principal característica da teoria culturológica é "o estudo da cultura de massa, distinguindo os seus elementos antropológicos mais relevantes e a relação entre o consumidor e o objeto de consumo" (Wolf, 1999, p. 100). A cultura de massa forma um sistema cultural composto por símbolos, valores, mitos e imagens que refletem o imaginário coletivo. No entanto, não é o único sistema cultural nas sociedades modernas. Conforme Morin (1962), a cultura de massa prospera onde o desenvolvimento industrial e técnico cria novas condições de vida, que desestabilizam as culturas prexistentes e estimulam novas necessidades individuais. A comunicação de massa passa a ser vista a partir de uma dupla face, mantenedora e transformadora: ao mesmo tempo que tenta preservar o modelo social, também é um veículo que introduz o novo, pois a novidade é um elemento fundamental para incentivar o consumo.

Comunicar não serve apenas para comunicar; é o que motiva as relações sociais e envolve o processo de produção, consumo e reprodução. Além dessa vida emocional, a comunicação em massa também preenche outros aspectos da vida social. Um exemplo é quando um indivíduo assiste a documentários e programas educativos e acredita estar aprendendo quando apresentadores sensacionalistas acusam pessoas ao vivo, dando aos telespectadores a falsa ilusão de justiça (Temer; Nery, 2004).

Roland Barthes, George Friedman e Jean Baudrillard são outros pesquisadores franceses que contribuíram para a teoria culturológica. Barthes, renomado sociólogo, semiólogo e filósofo francês, enriqueceu a teoria culturológica por meio de estudos semióticos e estruturalistas, conduzindo análises semióticas de propagandas e revistas, com foco nas mensagens e no sistema de signos linguísticos envolvidos.

George Friedman, igualmente importante sociólogo francês, abordou os aspectos dos fenômenos de massa desde a sua produção até o consumo, destacando as complexas relações entre o homem e as máquinas nas sociedades industriais.

O sociólogo e filósofo Jean Baudrillard examinou meticulosamente os aspectos da sociedade de consumo e o impacto da comunicação de massa na sociedade. Segundo Baudrillard, vivemos em um estado no qual a realidade e suas representações se tornam indistinguíveis, onde a imagem simulada se sobrepõe ao real, a hiper-realidade. Nesse contexto, vivemos em um mundo onde imagens, signos e símbolos são constantemente reproduzidos e consumidos, gerando uma realidade simulada e artificial. A cultura de massa, os meios de comunicação e a tecnologia na construção dessa hiper-realidade, onde a linha entre o real e o irreal se torna cada vez mais difusa.

Os estudos culturais tiveram início na Inglaterra durante a década de 1960, por meio do Centro de Estudos da Cultura Contemporânea da Escola de Birmingham (Centre for Contemporary Cultural Studies), fundado por Richard Hoggart em 1964. Além de Hoggart, se destacaram Raymond Williams, Edward Palmer Thompson e Stuart Hall.

Sob a perspectiva dos estudos culturais ingleses, a cultura é percebida como um fenômeno que permeia toda a sociedade, fundamentando os processos de produção e reprodução sociais. Para esses pesquisadores, a indústria cultural é capaz de moldar o conhecimento de acordo com estruturas ideológicas que garantem a coesão social e a continuidade da dominação. Dessa forma, os produtos culturais se inserem na estrutura de poder da sociedade, exigindo uma análise em seu contexto histórico, social, econômico e cultural. Muitos pesquisadores observam o papel significativo dos meios comunicação de massa na construção da identidade cultural.

PARADIGMA MIDIALÓGICO

O professor, publicitário e pesquisador canadense Herbert Marshall McLuhan foi um visionário estudioso da década de 1960 que contribuiu para o surgimento do paradigma midialógico estudando os meios de comunicação e seus efeitos na sociedade. Alguns autores inserem McLuhan dentro da teoria culturológica, pelas semelhanças de seus apontamentos com os dos pesquisadores franceses e ingleses.

No seu livro *Os meios de comunicação como extensões do homem*, McLuhan afirma que tudo aquilo que o homem criou para favorecê-lo seria a extensão de seu corpo, por exemplo: a escrita como a extensão da comunicação verbal; o rádio como a extensão da boca; e a televisão como uma extensão dos olhos e ouvidos (McLuhan, 1964). McLuhan foi precursor dos estudos sobre o impacto da tecnologia na sociedade por meio da comunicação massificada. Uma de suas afirmações mais importantes é que "o meio é a mensagem", em que analisa a importância dos meios de comunicação. Em sua obra *A galáxia de Gutenberg* (1965), o pesquisador estabelece uma reflexão sobre como foi revolucionária a invenção da prensa móvel e as modificações que causou na cultura da escrita na civilização ocidental, uniformizando a forma das letras.

Com a popularização da televisão via satélite, McLuhan percebeu que, mais uma vez, uma nova tecnologia modificou a cultura visual, uma vez que a televisão causa uma interligação entre os povos de maneira simultânea. McLuhan desenvolveu, então, o conceito de aldeia global, por meio do qual os meios de comunicação como a televisão e o rádio rompem barreiras e uniformizam a sociedade mundial. Mais tarde, com a popularização da internet, esse conceito de aldeia global foi reforçado, uma vez que a rede de computadores permite a rápida troca de mensagens e de conhecimentos entre diferentes povos. No entanto, esse conceito de aldeia global é refutado por outros pesquisadores, que o enxergam como simplista e que não considera as diversidades sociais.

McLuhan definiu os meios de comunicação como "quentes" ou "frios". Os "meios quentes" são aqueles que demandam pouca participação por parte da audiência devido a sua alta resolução. Isso significa que esses meios contêm uma grande quantidade de informações, o que exige pouco esforço do receptor para entender a mensagem. Exemplos de meios quentes incluem o rádio e o cinema. Em contrapartida, os "meios frios" são aqueles que fornecem menos informações e exigem maior participação por parte dos usuários para preencher as lacunas de conhecimento. Um exemplo clássico é o telefone, em que é necessária a interação entre o emissor e o receptor para concluir a mensagem (McLuhan, 1964).

Apesar de suas ideias serem rapidamente absorvidas pelo público, principalmente pela clareza com que McLuhan apresenta, elas também foram motivos de críticas e até de desconfiança de vários outros pesquisadores ao redor do mundo, incluindo o Brasil. A afirmação de McLuhan de que a televisão é um meio frio levava os críticos a anteciparem que a televisão fosse um meio de baixa definição. No entanto, devemos observar que a televisão das décadas de 1950 e 1960 ainda tinham uma qualidade de imagem bastante inferior aos filmes exibidos no cinema em 35 mm. Devido aos avanços da televisão, hoje não poderíamos fazer essa distinção. O que ainda permanece dos estudos de McLuhan é a preocupação em entender como se fazem as relações entre os meios de comunicação e os nossos sentidos.

ARREMATANDO AS IDEIAS

O avanço extraordinário dos meios de comunicação entre o final do século XIX e o início do século XX transformou a comunicação de massa em um dos traços mais marcantes da sociedade contemporânea. No entanto, esse processo vai muito além da simples troca de mensagens entre emissor e receptor, envolvendo também questões de poder, desenvolvimento do conhecimento, novas formas de educação, disseminação cultural e o mais importante: a sustentação das democracias, entre diversos outros aspectos da vida social contemporânea.

Compreender a comunicação implica entender a construção e produção de mensagens, compartilhando significados entre interlocutores por meio de uma materialidade simbólica específica e dentro de contextos que moldam e são moldados por ela.

As teorias da comunicação desempenham papel crucial ao oferecerem um alicerce de conhecimento que se entrelaça com diversas disciplinas das ciências sociais, como filosofia, sociologia, linguística, semiótica, antropologia, psicologia e as ciências da informação. Esse caráter multidisciplinar e híbrido permite a construção de análises variadas nos debates contemporâneos. As diversas áreas e os temas abrangidos pela comunicação, como cultura, sociedade tecnológica, mídia, recepção e produção de conteúdo, posicionamentos políticos e ambientais, destacam a vitalidade da pesquisa científica e a diversidade de interesses.

Desde o início do século XX, com a ascensão das grandes cidades devido à industrialização e urbanização, formou-se uma sociedade de massa onde, inicialmente, as diferenças individuais pareciam diluídas. Os meios de comunicação da época (jornais, cinema, rádio) eram vistos como a única forma de afetar todos os indivíduos de maneira uniforme e direta, promovendo um paradigma funcionalista-pragmático, conforme sugerido pela teoria da agulha hipodérmica.

Posteriormente, surgiram diversas outras teorias que tentavam explicar e dimensionavam a importância da comunicação em nosso cotidiano. Com a popularização da internet a partir da década de 1990 e a convergência tecnológica multimídia, o acesso rápido a linguagens escritas, sonoras e visuais em qualquer momento e suporte transformou os paradigmas estabelecidos da comunicação. Ao contrário dos meios tradicionais, nos quais emissor e receptor são claramente definidos, na internet os usuários atuam tanto como criadores e emissores quanto como receptores, desenvolvendo suas próprias formas individuais de significação por meio dos novos códigos da rede.

A mídia continua a exercer influência significativa em nosso cotidiano social, e as teorias da comunicação fornecem uma base crítica e analítica em relação à comunicação de massa, sejam as concepções mais históricas ou as novas formas de se comunicar.

Atualmente, a comunicação enfrenta novos desafios, como a disseminação de fake news, o excesso de telas e os impactos positivos e negativos da conectividade constante em nossa sociedade. Tópicos como interatividade, hipermídia e acessibilidade são discutidos juntamente com a reestruturação de novos conteúdos, enquanto os teóricos da comunicação debatem e exploram o ciberespaço, as realidades virtuais compartilhadas e as especificidades das novas comunidades.

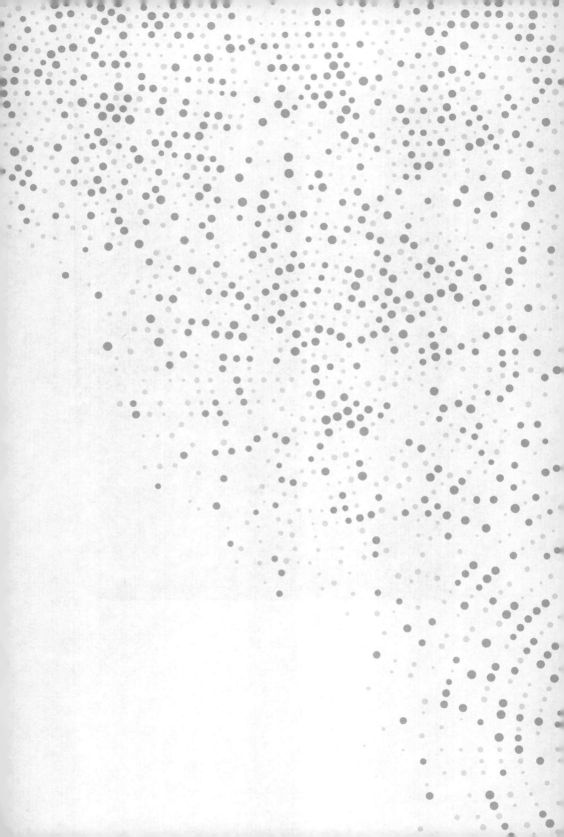

CAPÍTULO 3

Panorama do cinema mundial

O cinema desempenha um papel fundamental como fonte de reflexão social. Mesmo as obras de ficção são capazes de capturar aspectos significativos da sociedade, revelando padrões de comportamento que muitas vezes passam despercebidos em nossa vida cotidiana, devido à imersão em um determinado modelo social.

Inicialmente, o cinema foi fortemente influenciado pelo teatro e pela ópera e aos poucos surgiu uma nova linguagem, seja pela forma de interpretar dos atores, pela direção ou, principalmente, pelo processo de montagem.

Em algumas ocasiões, os filmes partem de uma crítica e oferecem ao espectador uma visão que pode ser tanto concordante quanto discordante. Em outros casos, seu propósito é simplesmente destacar um problema social, servindo como um alerta e estimulando a reflexão. O cinema frequentemente nos proporciona oportunidades de aprendizado, compreensão, reavaliação e reflexão sobre o mundo em que vivemos e a sociedade da qual fazemos parte, com todos os seus benefícios e desafios.

Ao analisar as relações entre o cinema e a educação, podemos nos enganar achando que essa relação se restringe a documentários ou filmes educativos sobre determinados temas. Mas a relação é muito mais ampla. Ao assistir um filme, abre-se uma janela para novas formas de contar história. Por isso é importante conhecer o panorama do cinema mundial e entender que não é apenas Hollywood que conta histórias. Conhecer o cinema é refletir sobre períodos históricos, novas sociedades e mundos distantes, além de entrar em uma das maiores formas de entretenimento mundial.

PRÉ-CINEMAS

O termo pré-cinema se refere às diferentes técnicas de projeção e animação de imagens que antecederam a invenção do cinematógrafo em 1895, e fazem, portanto, parte de uma pré-história do cinema. Vários instrumentos, inventos e criações foram sendo desenvolvidos com os princípios técnicos que envolviam luz, sombra, reflexão e óptica, que mais tarde seriam essenciais para a criação do cinema. É importante ressaltar que grande parte desses instrumentos foi criada com preocupações científicas, que em nada se relacionavam com as questões artísticas nas quais mais tarde o cinema se envolveria.

Acredita-se que na China, no ano 5000 a. C., tenha ocorrido um dos primeiros experimentos, que ficou conhecido como o teatro de sombras. Os chineses utilizavam essa técnica, que consistia em contar histórias projetando sombras de bonecos em paredes ou telas de linho, com histórias envolvendo princesas indefesas, valentes guerreiros e ferozes dragões. O primeiro experimento envolvendo uma tecnologia posteriormente utilizada no cinema foi a câmara escura. Essa câmara, uma caixa fechada com uma pequena abertura que permitia a passagem de luz, tinha a imagem das paisagens e dos objetos exteriores projetada em seu interior, de forma invertida. A câmara escura teve contribuições do filósofo grego Aristóteles (cerca de 350 anos a. C.), do físico e matemático árabe Alhazem (do século XI), e de outros pesquisadores ao redor do mundo. Durante o Renascimento, no século XIV, Leonardo da Vinci também utilizou a câmara escura, assim como outros pintores renascentistas. O cientista italiano Giovanni Baptista Della Porta publicou um estudo detalhado da câmara escura explicando sua utilização.

No século XVII, surgiu o dispositivo óptico-mecânico conhecido como a lanterna mágica (Barbosa Junior, 2002). Esse instrumento, considerado o ancestral dos dispositivos de projeção, é atribuído ao inventor alemão de formação jesuíta Athanasius Kircher, que utilizou os princípios da câmara escura para criá-lo. Com a combinação de uma lente convergente e uma fonte de luz destinada a projetar uma imagem pintada sobre uma placa de vidro, o funcionamento da lanterna mágica é frequentemente associado ao de um projetor de slides.

O taumatroscópio, surgido em 1825, é um disco preso por dois cordões (um de cada lado) com uma imagem na frente e outra no verso que, ao serem giradas rapidamente, resultam em uma mistura óptica e assumem a aparência de uma única imagem.

O fenaquistoscópio (também conhecido como fenacistoscópio) foi criado em 1832 pelo francês Joseph-Antoine Plateau. Trata-se de um disco que apresenta diversas figuras desenhadas em posições diferentes, que, ao girá-lo, temos a sensação de que as imagens se movimentam.

Ainda na década de 1830, surgiu a mais importante invenção para a criação do cinema: a fotografia. O princípio de propagação da luz que a câmara escura já utilizava foi essencial para a descoberta da fotografia no século XIX. A luz que passava pela abertura da câmara e projetava imagens em seu interior agora projetaria em um anteparo fotossensível que fixaria essas imagens.

O zootrópio, inventado pelo matemático inglês William George Horner, em 1834, é um aperfeiçoamento do fenaquistoscópio, pois se baseia no mesmo princípio visual que dá a ilusão de movimento. A melhoria proporcionada pelo zootrópio permite que diversas pessoas observem a cena animada, anunciando, em modelo reduzido, a experiência da sessão de cinema. O aparelho é um tambor giratório cujas paredes são perfuradas com aberturas regulares. Ao redor das paredes internas, estão dispostas tantas imagens quantas aberturas. O zootrópio funciona como o fenaquistoscópio: ao girar, a abertura regular da rolagem de imagens sucessivas nos permite ver imagens em movimento. Em vez de usar um disco, desta vez podemos ver as imagens rolando a partir de uma tira de papel que lembra um filme cinematográfico. A alternância de fendas pretas e estreitas exige que o interior do tambor seja fortemente iluminado. É por isso que o exterior e o interior do tambor são pintados de preto, para que apenas as imagens se destaquem.

O estereoscópio é um instrumento ótico destinado a dar a ilusão de relevo, imaginado pelo inglês Charles Wheatstone, em 1825, e aperfeiçoado anos mais tarde pelo escocês David Brewster. Ao combinar duas imagens assimétricas na mesma vista (chamada visão estereoscópica), criamos uma impressão de relevo. Com efeito, cada imagem é percebida independentemente por cada um dos olhos, e o cérebro faz com que se complementem e se sobreponham até formar uma só.

Em 1877, o francês Charles Émile Reynaud criou o praxinoscópio, um instrumento ótico destinado a dar a ilusão de movimento, aperfeiçoando o zootrópio. A diferença significativa é que no praxinoscópio, a visualização não se faz pelas aberturas do aparelho, mas sim pela sua projeção num espelho circular colocado no interior do tambor. Inicialmente, o uso da máquina era reservado ao ambiente doméstico. Sua construção era mais elaborada e permitia mais interação de pessoas, com a vantagem de não cansar tanto os olhos e com menos desfocagem das imagens animadas. Essas projeções alcançaram um enorme sucesso e a máquina só foi superada pela invenção dos irmãos Lumière.

O fuzil fotográfico foi criado em 1878 pelo francês Étienne-Jules Marey. O aparelho consistia em um tambor forrado por dentro com uma chapa fotográfica circular. Ele era capaz de produzir 12 quadros consecutivos por segundo, sendo que todos ficavam registrados na mesma imagem. Seus estudos foram baseados na experiência de Eadweard Muybridge, que decompunha o movimento do galope de um cavalo.

Esses são apenas alguns dos instrumentos ópticos criados, principalmente no século XIX, que se tornaram populares e propiciaram a criação do cinema. Tais instrumentos, também conhecidos como brinquedos ópticos, proporcionaram diversão e muita fantasia para muitos adultos e crianças que vivenciaram aquela época. Dois desses aparelhos foram fundamentais para o cinema que conhecemos hoje: o cinetoscópio e o cinematógrafo.

CINESTOSCÓPIO E THOMAS EDISON

O cientista americano Thomas Alva Edison foi um dos mais importantes inventores do século XIX, e um grande empreendedor. Ele registrou mais de duas mil patentes e entre suas grandes invenções está a lâmpada incandescente. No ano de 1890, ele já havia inventado o filme perfurado e uma película de celuloide que era capaz de fixar imagens e projetá-las através de lentes. Edison produziu e exibiu uma série de filmes curtos no que é considerado, por alguns historiadores, o primeiro estúdio de cinema – o Black Maria, em West Orange. Esses pequenos filmes não eram projetados em uma tela grande, mas sim no interior de uma máquina individual, o cinetoscópio, onde se assistia filmes de até 15 minutos.

Em 1891, Thomas Edison, trabalhando junto com W. K. L. Dickson, patenteou a invenção do cinetoscópio, que foi disponibilizado para o público em 1893. Com a popularização do cinetoscópio, a Edison Company instalou diversas máquinas em parques de diversões, que ficaram conhecidos como salões do cinetoscópio. Edison não tinha o objetivo de projetar as imagens para um público maior, pois acreditava que assim teria menos lucro.

O cinetoscópio começou a fazer sucesso, o que ocasionou a criação de uma série de aparelhos alternativos copiando os princípios do aparelho de Edison. Seja nos Estados Unidos ou na Europa, diversos inventores tentaram modificar ou aprimorar o cinetoscópio. Na França, dois irmãos, Auguste e Louis Lumière, que já trabalhavam com fotografia, criaram o aparelho que definitivamente mudou a história das imagens em movimento: o cinematógrafo.

CINEMATÓGRAFO E OS IRMÃOS LUMIÈRE

Em 1895 foi criado o cinematógrafo (de onde surgiu a palavra cinema), um aparelho aperfeiçoado do cinetoscópio. Os irmãos Auguste e Louis Lumière eram dois entusiastas da fotografia e de diversos aparelhos que faziam movimentar as imagens. O cinematógrafo era de fácil utilização, leve e movido à manivela. Os irmãos Lumière utilizavam filmes com negativos perfurados. Os dois conheciam muito bem as técnicas fotográficas, uma vez que o pai deles era fotógrafo e dono de uma fábrica de filmes e papéis fotográficos.

Pela sua leveza, o instrumento facilitou filmagens ao ar livre e, ao longo dos anos, os irmãos Lumière produziram diversos curtas-metragens, a maioria retratando cenas da vida cotidiana. Dessa forma, o invento dos irmãos franceses superou os concorrentes, tornando-se o aparelho preferido daqueles que queriam registrar imagens em movimento.

A primeira exibição aconteceu no dia 28 de dezembro de 1895, no Salon Indien do Grand Café, no Boulevard des Capucines, em Paris, diante de poucos espectadores, mas, sem dúvida, foi um marco na história do entretenimento moderno. Foi uma exibição de vinte minutos, com dez filmes, que representavam cenas cotidianas gravadas por uma câmera imóvel com algumas cenas panorâmicas, entre eles *A chegada de um trem à estação*, ou *L'Arrive d'um train em gare de la ciotat* (1895), e *A saída da fábrica* (1895).

Nos Estados Unidos, o impacto dessa primeira projeção pública em uma grande tela na sala escura foi tal que incentivou todos os concorrentes a desenvolverem a vertente comercial do seu dispositivo. Os primeiros filmes são filmagens estáticas e não ultrapassavam 50 segundos, ou seja, a duração de uma bobina de um filme. Isso não impediu que os irmãos Lumière enviassem para todo o mundo operadores para capturar imagens que constituíram os primeiros documentários e os primeiros cinejornais.

OS PRIMEIROS CINEASTAS

A partir de 1895, a publicação de reportagens em jornais descrevendo os méritos da invenção gerou diversos pedidos de compra do cinematógrafo. Mas os irmãos Lumière preferiram manter o controle sobre a operação comercial, estabelecendo, no início de 1896, um sistema em que os concessionários adquiriam a exclusividade das projeções numa cidade francesa ou em um país estrangeiro. Eram frequentemente distribuidores de produtos fotográficos Lumière tentados pela novidade das imagens em movimento.

Em troca de uma elevada percentagem de receitas (cerca de 50%), recebem como empréstimo um cinematógrafo com os seus equipamentos de projeção e filmes, bem como pessoal formado em Lyon para a sua implementação (pessoal pago pelas concessionárias). Apenas alguns dos operadores enviados pela empresa estão autorizados a tirar fotografias e, portanto, possuem o equipamento necessário e filmes virgens. Imagens filmadas em quase todos os lugares da França e outros 31 países estrangeiros promovem a exibição.

Ao colocar várias bobinas ponta a ponta, interrompendo voluntariamente a filmagem e construindo os seus próprios cenários, o francês Georges Meliès rapidamente percebeu que a máquina dos irmãos Lumière também permitia fazer filmes inventivos, baseados em efeitos especiais e cenários complexos, que influenciariam cineastas de todo o mundo.

Os americanos preferiram desenvolver filmes de ação, e, a partir de 1903, com *O grande roubo do trem*, Edwin Porter juntou um assalto, cenários naturais, perseguições a cavalo e uma luta com um personagem atirado para fora do trem. Há também o primeiro exemplo de edição alternada, panorâmica, quando Porter coloca a câmera no teto do trem em movimento. Criou assim, em apenas 12 minutos, o protótipo de todos os filmes de ação.

Na França, os artistas começaram a assumir o cinema com a ambição de atingir um público mais exigente. Em 1908, a nova produtora Le Film d'Art convocou atores da Comédie-Française para a reconstrução de *O assassinato do duque de Guise*. Como uma peça ou uma ópera, o filme foi considerado digno de crítica no *Le Temps*, o principal jornal da época, e a trilha sonora original escrita por Camille Saint-Saëns foi considerada a primeira trilha sonora do filme.

O período da Primeira Guerra Mundial (1914-1918) levou a uma desaceleração na produção cinematográfica na Europa, e os Estados Unidos se beneficiaram disso. Em 1915, o filme *O nascimento de uma nação*, que trata da Guerra Civil e suas consequências, obteve considerável sucesso, apesar do conteúdo abertamente racista de seu roteiro e da total manipulação histórica. A sua duração excepcional para a época, a qualidade da imagem e a encenação criativa demonstram o talento do seu realizador David Wark Griffith, mais conhecido como D. W. Griffith, mas também a supremacia do sistema de produção de Hollywood.

CINEMA MUDO, FALADO E SONORO

Em 1927, o processo de sincronização de imagem e som estava praticamente pronto, mas os cinemas ainda não estavam preparados com os equipamentos necessários. Além disso, o domínio da imagem por parte dos cineastas e diretores atingiu um nível excepcional. O equipamento é menos volumoso e permite todo tipo de ousadia. É, portanto, o período das maiores obras-primas do cinema mudo: *Metrópolis* (1927), de Fritz Lang; *A paixão de Joana d'Arc* (1928), de Carl Theodor Dreyer; *A turba* (1928), de King Vidor; *Napoleão* (1927), de Abel Gance; *A general* (1926), de Buster Keaton; *O homem com uma câmera* (1929*), do* soviético Dziga Vertov; e *Luzes da cidade* (1931), de Charlie Chaplin.

Devido à crise econômica de 1929, no entanto, o movimento nos cinemas começou a diminuir e só algo novo poderia trazer o público de volta. Além disso, a democratização do rádio e dos discos de 78 rpm familiarizou a população com a presença da voz gravada. Ouvir os atores falarem se tornou uma necessidade. Inicialmente, a presença invasiva do diálogo tanto fascina quanto cansa o espectador, o que fez com que filmes musicais se tornassem muito populares. O movimento, porém, foi irreversível, levando à destruição sistemática de cópias de filmes mudos, que se tornaram obsoletos, inúteis, volumosos e perigosos, pois eram altamente inflamáveis. Felizmente, alguns apreciadores mais esclarecidos conseguiram salvar cópias condenadas. Eles estão na origem da criação de cinematecas.

Na década de 1920 foram apresentados diversos sistemas de sincronização de som gravado, ao mesmo tempo que se desenvolviam amplificadores. Apenas em 1926 a Warner Brothers os introduziu no mercado, como parte da sua política de expansão. O objetivo inicial era oferecer acompanhamento gravado para filmes mudos, destinados a pequenas salas que não podiam ter a presença de uma orquestra tocando ao vivo. Quando Al Jolson cantou algumas músicas em *O cantor de jazz* (1927), porém, o imenso sucesso do filme provou que o público valorizava ouvir a voz do cantor mais do que qualquer coisa. Em 1928 e 1929, muitos filmes falados foram produzidos, construídos às pressas. No entanto, alguns cineastas preferiram continuar as pesquisas realizadas na era do cinema mudo, privilegiando os movimentos de câmera e a edição rápida.

DICA

Assista ao filme *Cantando na chuva* (1952), de Stanley Donen e Gene Kelly. O filme se passa na transição do cinema mudo para o cinema falado e conta a história de dois atros, Don Lockwood (Gene Kelly) e Lina Lamont (Jean Hagen), os mais famosos da época do cinema mudo em Hollywood. Com a chegada do cinema falado, os dois precisaram superar as dificuldades para manter a fama e o sucesso.

A transição completa e dispendiosa para o cinema sonoro só foi concluída por volta de 1930. Ao mesmo tempo, a crise econômica causada pela queda da Bolsa de Nova York em 1929 reduziu severamente as receitas do cinema. Dificuldades financeiras levaram à falência e praticamente todas as empresas cinematográficas mudaram de propriedade, contudo o estilo das produções foi pouco afetado.

Charles Chaplin e o cinema silencioso

Charles Chaplin, um dos primeiros artistas completos do cinema e um dos mais famosos, fez seu primeiro filme em 1914 e o último em 1967. Porém foi o cinema mudo que lhe trouxe fama e fortuna internacionais. Nascido na Inglaterra, Charles Spencer Chaplin começou muito cedo nos palcos, na pantomima,[1] e se destacou nos Estados Unidos durante uma turnê da qual

---

1 Representação de uma história exclusivamente através de gestos, expressões faciais e movimentos, especialmente no drama ou na dança (Berthold, 2004).

participou. Contratado pelo grande produtor Mack Sennett, o rei do cinema burlesco e pastelão, Chaplin refinou gradativamente seu personagem do vagabundo, e o público ao redor do mundo se reconheceu nesse eterno marginal, porém sentimental, que não tem medo de enfrentar valentões mais fortes que ele. Muito rapidamente, Chaplin produziu seus próprios filmes, depois completou a sua independência garantindo a distribuição, promoção e, em breve, a produção dentro dos United Artists (Artistas Associados), dos quais foi um dos fundadores.

Com a transição para o cinema falado, Chaplin ficou muito menos confortável. Consciente de que o seu sucesso estava nos gestos, teve receio desse cinema que dava ao diálogo o belo papel. Embora, para o resto da produção cinematográfica, a transição do mudo para o falado tenha ocorrido em pouco mais de um ano, foram necessários três filmes e quase 10 anos para Chaplin dar esse passo.

O primeiro dos três filmes, *Luzes da cidade* (1930), constituiu um dos ápices do cinema mudo. A personagem principal é uma jovem florista cega que se orienta pelo tato e, principalmente, pelos sons, que Chaplin consegue integrar no seu cenário sem os fazer ouvir.

O segundo filme, *Tempos modernos* (1935), deveria ter sido inteiramente falado, mas no último momento Chaplin renunciou ao diálogo síncrono e até reintroduziu intertítulos. Mesmo assim, ele construiu uma trilha sonora em que prevaleceram os efeitos sonoros e a música, mas quando os personagens realmente falam, não os ouvimos ou o som só sai por uma máquina. Porém é na penúltima sequência desse filme que ouvimos pela primeira vez a voz de Chaplin, cantando no restaurante.

O terceiro filme, *O grande ditador* (1940), é inteiramente falado, e termina com um dos monólogos mais longos da história do cinema. Chaplin fez mais quatro filmes antes de uma aposentadoria mais ou menos forçada, mas nenhum conseguiu realmente competir com o melhor de seus trabalhos anteriores. Compôs músicas que confiou a um orquestrador, o que continuou a fazer até o seu último filme sonoro, *A condessa de Hong Kong* (1967), estrelado por Marlon Brando e Sophia Loren.

Um dos grandes nomes que se destacam no cinema mudo, ao lado de Charles Chaplin, é Buster Keaton. Enquanto Chaplin fazia o papel do vagabundo expressando seus sentimentos por meio de mímicas e não se importava de rir de si mesmo, Buster apelava para para as gags – saltos, corridas e quedas arriscadas – e interpretava o herói impassível, que mesmo quando fracassava mantinha a expressão séria, causando humor em seus filmes, o que gerou o apelido de "o homem que nunca ri".

Keaton se destacou no gênero burlesco. Estreou como ator de cinema em *O garoto açougueiro* (1917), curta-metragem de Roscoe "Fatty" Arbuckle. Em apenas dez anos de carreira, nomeadamente nas décadas de 1920 e 1930, Keaton conseguiu protagonizar e realizar dez filmes que marcaram definitivamente a história do cinema. No final da década de 1920, porém, Keaton se viu completamente desamparado diante do cinema falado. Sua arte visual não funcionava mais e suas primeiras tentativas não convenceram. A voz não combinava com o personagem. Em 1928, após o término do contrato com o produtor independente Joe Schenck, assinou um novo, sem qualquer entusiasmo, com a MGM. Buster Keaton lutou por um tempo, mas depois desistiu. Não sendo mais mestre de sua arte e não tendo mais autonomia artística, foi se tornando cada vez mais discreto. Por quarenta anos, continuou dirigindo e atuando em muitos filmes sem muito sucesso, até falecer em 1966 de câncer de pulmão.

A CRIAÇÃO DE HOLLYWOOD

Tudo começou na década de 1880, quando Harvey e Daeida Wilcox, um casal rico do Kansas, decidiram se estabelecer não muito longe de Los Angeles, a oeste da cidade, na zona rural da Califórnia, onde compraram uma pequena fazenda que ele chamou de Hollywood em homenagem a uma pequena colônia alemã em Ohio.

Hollywood só se tornou verdadeiramente Hollywood na década de 1910. Nessa época, chegaram vários grupos de produtores de cinema da costa leste, atraídos por condições climáticas ideais para filmar (sol o ano todo, além da paisagem extremamente variada que englobava montanhas, mar e deserto). O filme mudo *O conde de Monte Cristo* (1908), dirigido por

Francis Boggs e filmado principalmente na Califórnia, em Los Angeles, foi o primeiro filmado oficialmente no novíssimo bairro de Hollywood.

Depois desse sucesso, muitos diretores, atores, produtores e roteiristas concordaram que o potencial cinematográfico do oeste americano era enorme e eles podiam aproveitar os elementos presentes em Los Angeles para montar novos projetos inovadores: paisagens versáteis (montanhas, mares, florestas, desertos), clima favorável, uma população cosmopolita para a figuração (comunidades asiáticas, de língua espanhola, indianas) e o baixo custo de vida em relação a Nova York. O diretor D. W. Griffith foi até lá para verificar se esses rumores eram verdadeiros.

Mais tarde, os cinco maiores estúdios (*the big five*) se instalaram em Hollywood: Paramount Pictures, MGM-Metro-Goldwyn-Mayer (MGM), Warner Bros., RKO Pictures e Fox, o que marcou uma virada para o cinema americano. Estrelas como Charlie Chaplin, Mary Pickford e Florence Turner também se mudaram para lá para ficarem mais próximos da comunidade. Pequenos teatros (chamados de nickelodeons) são construídos em Hollywood para transmitir a grande maioria das criações. Acabava a era da pequena fazenda, agora Hollywood se tornava o berço do cinema e da cultura americana e mundial.

EXPRESSIONISMO ALEMÃO

O expressionismo teve origem na pintura, no início do século XX, quando os artistas se aliavam apenas ao realismo. Com a mudança de mentalidade após o fim da Primeira Guerra Mundial, esses artistas perceberam que pintar a realidade não tinha mais profundidade. No expressionismo, os pintores são livres, podem expressar seus sentimentos na tela, sem quaisquer regras predefinidas. As linhas são distorcidas, as cores estranhas e, sobretudo, a representação simbólica do sentimento que o pintor pretende transmitir é muito acentuada. A arte se tornou mais subjetiva, evidenciando a visão do artista.

O expressionismo alemão encontrou no cinema preto e branco e mudo um campo de açãoo particularmente apropriado, que deu uma forma original às primeiras obras de grandes realizadores: Robert Wiene, Friedrich Wilhelm Murnau, Georg Wilhelm Pabst e, sobretudo, Fritz Lang, cujo sucesso comercial era considerável.

Na Alemanha, o irrealismo era levado ao excesso, muitas vezes para assustar as pessoas. A realidade era distorcida por meio de diversas técnicas, e o objetivo final era fazer com que o espectador sentisse fortes emoções. Geralmente, o expressionismo alemão estava associado a temas como ansiedade, loucura ou medo, sendo os artistas da época bastante pessimistas no final da Primeira Guerra Mundial.

Muito rapidamente, o expressionismo se difundiu em todas as artes: teatro, arquitetura, literatura, música e cinema. Durante a década de 1920, Hollywood experimentou um sucesso sem paralelo, que já não dava muitas oportunidades ao cinema europeu, com suas grandes produções e shows internacionais. Nesse cenário, a Alemanha buscou se destacar com um estilo cinematográfico totalmente diferente. Os grandes filmes românticos foram trocados por filmes de pequeno orçamento, obras simbólicas e únicas. Inspirado nos filmes de terror, o expressionismo rapidamente encontrou o seu lugar no pós-guerra, em que era necessário expressar os próprios tormentos. Os primeiros filmes mudos a carregarem esse movimento foram *O gabinete do doutor Caligari* (1920), de Robert Wiene, e *O golem, como veio ao mundo* (1920), de Paul Wegener e Carl Boese.

Com efeito, se o desejo é denotar a realidade, o papel da decoração é crucial. Filmar em locais do cotidiano ou em praças bonitas não era mais relevante. Os cineastas procuravam tornar seu ambiente o mais falso possível. Com seus orçamentos simples, já não se preocupavam muito com o fundo, que se tornava deliberadamente artificial, exibindo linhas, curvas e cores (quando existiam), sem cabeça ou cauda. Tratava-se de um elemento que contribuía principalmente para o estabelecimento de uma atmosfera estranha, que estava no centro dos filmes da época.

Um cineasta contemporâneo muito influenciado pelo expressionismo alemão é Tim Burton, principalmente em filmes como *Beetlejuice* (1988) e *A lenda do cavaleiro sem cabeça* (1999), que foram totalmente inspirados nesse movimento.

Tão artificiais quanto possível, os diretores apostam no claro-escuro. A luz também aprofunda a atmosfera especial do filme. É muito branco, cru, às vezes vindo não sabemos bem de onde, se de uma janela, de um facho de luz, da lua. Os reflexos se multiplicam: às vezes vemos listras brilhantes, objetos que brilham e fortes contrastes. Tudo isso contribui muito para tornar os personagens ainda mais assustadores e desumanos.

Se há luzes, também há sombras, muito presentes principalmente para ampliar os traços de um personagem quando deslizam nas paredes. Isso nos possibilita imaginar a extensão monstruosa e doentia da criatura na tela. Assim, em vez de utilizar cenas violentas e aterrorizantes, a sugestão por meio de imagens simbólicas é uma forma de atingir um público maior.

Não é de surpreender que, após a Primeira Guerra Mundial, o pessimismo alemão e os horrores dos combates tenham deixado sua marca. O irrealismo acentuado ainda permitiu tornar aceitáveis esses temas duros, tornando-os falsos o suficiente para que fossem percebidos como entretenimento. É o nevoeiro quase constante que dá a filmes desse tipo a aparência de um pesadelo nebuloso.

EXPERIMENTALISMO SOVIÉTICO

O experimentalismo soviético se refere a uma série de experimentos conduzidos na União Soviética antes da consolidação do realismo socialista como estética oficial. Devido à escassez da película (material básico para o cinema) nas faculdades de Moscou, os estudantes de cinema recorreram à técnica da montagem, utilizando fragmentos de filmes famosos e a justaposição de imagens.

Motivados pelo desejo de educar e convencer, os cineastas soviéticos inventaram uma nova linguagem cinematográfica, que jogava com o enquadramento, os movimentos de câmera, as sobreposições e, sobretudo, a edição, responsável por transmitir emoção e criar um sentido parcial.

Os principais cineastas da época, influenciados pela Revolução Russa de 1917, fazem um cinema de ideias, sem deixar de lado a estética do filme. Muitas vezes desconhecidos, trazem à tona filmes de propaganda socialista, exaltando a força do coletivo e despertando a paixão revolucionária. Após o estabelecimento da União das Repúblicas Socialistas Soviéticas (URSS), a indústria cinematográfica cresceu. Ao chegar ao poder, Lenin teve uma ideia clara da influência que a indústria cinematográfica poderia ter, chegando a afirmar: "de todas as artes, o cinema é a mais importante para nós" (Gorbátova, 2015). A utilização do cinema como instrumento de propaganda e educação marcou período do comunismo na Rússia.

Lev Kuleshov tinha apenas 18 anos em 1917, mas havia sido aluno de Yevgeny Bauer e já era conhecido como designer de produção. No ano seguinte, fez seu primeiro filme, *O projeto do engenheiro Pright* (1918), que trazia uma série de inovações: o roteiro, não inspirado em uma obra literária, situava a ação em uma sociedade tecnológica moderna; os atores, em sua maioria, eram amadores ou iniciantes; e a montagem utilizava novos processos, o primeiro passo de uma reflexão que Kulechov continuaria nos próximos anos.

No início da década de 1920, o governo buscou profissionalizar os empregados do setor e montar treinamentos para cada área. Assim, diretores como Sergei Eisenstein construíram uma carreira sólida, colocando-se entre as referências do mundo do cinema até hoje. Entre seus filmes mais conhecidos, *O encouraçado Potemkin* (1925), com a inesquecível cena da escadaria de Odessa, e *A greve* (1924). Assim como Eisenstein, conhecido por revolucionar os processos de edição, outros diretores trouxeram inovações para essa arte. Por exemplo, Dziiga Vertov abalou o gênero documentário com *O homem com uma câmera* (1929).

A década de 1930 marcou o fim do cinema mudo e foi assim que o regime stalinista passou para outro nível de propaganda, por meio do cinema. *O caminho para a vida* (1931), de Nikolai Ekk, foi o primeiro filme falado a fazer sucesso na URSS e foi adquirido em outros 26 países. Além disso, os filmes biográficos foram fortemente apoiados pelo regime e pelo público. Obras como *Lenin em outubro* (1937) e *Lenin em 1918* (1939), ambos dirigidos por Mikhail Romm, foram muito populares e estabeleceram um novo estilo.

Quando a Rússia entrou na Segunda Guerra Mundial, o cinema foi novamente colocado a serviço dos interesses governamentais, desta vez para apoiar as tropas soviéticas e demonizar a imagem dos nazistas. Durante aquele período, os documentários representaram as principais exportações cinematográficas do cinema russo, e *Moscou contra-ataca* (1942), de Leonid Varlamov, foi o primeiro filme do país a ganhar um Oscar.

Com a morte de Stalin em 1953, a censura foi gradualmente amenizada, permitindo aos diretores romper com a influência da propaganda e concentrar-se na pesquisa artística. Assim, filmes como *Quando as cegonhas voam* (1957), dirigido por Mikhail Kalatozov, tiveram sucesso europeu. Essa obra ganhou o Festival de Cinema de Cannes.

CINEMA CLÁSSICO AMERICANO

A era clássica do cinema americano, também conhecida como Era de Ouro, abrangeu predominantemente as décadas de 1920 a 1960, marcando um período notável na produção cinematográfica. Durante esses anos, os estúdios adotaram fórmulas de sucesso, produzindo uma variedade de gêneros, como musicais, faroestes, comédias e animações (desenhos animados). A fórmula do sucesso era evidente, com diretores renomados como Cecil B. DeMille colaborando frequentemente com os mesmos estúdios, como a Paramount.

O *studio system* (ou sistema de estúdios) foi a espinha dorsal da indústria, onde profissionais como roteiristas, diretores e atores eram contratados exclusivamente por um estúdio. Os estúdios também controlavam salas de cinema, criando uma demanda constante por novos filmes. Os cinco estúdios, conhecidos como the big five, eram: Paramount Pictures (criado em 1912), Warner Brothers, mais conhecido como Warner Bros. (criado em 1923), MGM (Metro-Goldwyn-Mayer, criado em 1924), RKO Pictures (criado em 1928) e 20th Century Fox (criado em 1935). Havia também the little three (os três pequenos): Universal Studios (criado em 1915), United Artists (criado em 1919, tinha Charles Chaplin como um dos fundadores) e Columbia Pictures (criado em 1914). Esses estúdios também eram donos de diversas salas de cinema, onde exibiam seus próprios filmes, e mantinham uma procura permanente por inovações, dominando o cenário.

Durante a década de 1930, a MGM se destacou como uma potência, contratando as maiores estrelas de Hollywood e contribuindo para o conhecido sistema de estrelas, que moldava os atores promovendo uma imagem glamourosa, muitas vezes criando personas fictícias. Walt Disney também inovou nessa época, criando um império de animações, começando com o sucesso *Branca de Neve e os sete anões* (1937).

O Código Hays foi estabelecido na década de 1930 para manter a credibilidade de Hollywood diante de uma população conservadora, regulamentando temas nos filmes. Esse código era um conjunto de regras que visava censurar os filmes que tivessem representações de nudez, beijos lascivos, cenas de paixão, perversão sexual, homossexualidade, palavrões, entre outros temas. Isso afetou inúmeras produções, mas também estimulou a criatividade de diversos cineastas (Alfred Hitchcock era um deles) para escapar da censura. O Código Hays impactou a vida de atores e atrizes, que eram escolhidos para manter uma boa imagem dos estúdios.

O ápice do *studio system* foi em 1939, com lançamentos como *O mágico de Oz*, *...E o vento levou* e *No tempo das diligências*. Contudo, o declínio começou na década de 1940, influenciado por mudanças federais e pela ascensão da televisão, que levou os estúdios a investirem em produções de maior orçamento para competir.

A década de 1950 trouxe figuras icônicas como Marilyn Monroe, Audrey Hepburn e Grace Kelly. Musicais como *Cantando na chuva* (1952) atingiram seu apogeu, e o diretor Alfred Hitchcock consolidou sua reputação como o mestre do suspense, com obras-primas como *Janela indiscreta* (1954), *Um corpo que cai* (1958) e *Psicose* (1960).

A década de 1960 marcou o declínio do sistema de estúdio, com a Lei Antitruste e a ascensão da televisão. O Código de Hays perdeu credibilidade, dando espaço para uma nova Hollywood. Tudo o que conhecemos hoje sobre a indústria cinematográfica, com grandes produções, estrelas, premiações e glamour, tem suas raízes na Era de Ouro, que consolidou Hollywood como a capital do cinema.

NEORREALISMO ITALIANO

Após a Segunda Guerra Mundial e a vitória dos Aliados (Estado Unidos, França, União Soviética e Reino Unido), a Itália emergiu da ditadura fascista de Benito Mussolini. Os artistas encontraram a liberdade e foram movidos pelo profundo desejo de descrever o mundo como ele é, fora de toda propaganda nacionalista. Para fazer isso, precisaram se libertar das convenções que inevitavelmente os distanciavam da realidade, por exemplo, seus constrangimentos técnicos e estéticos.

Antes do neorrealismo, a produção cinematográfica italiana estava focada em filmes bíblicos, dramas e outras obras que exaltavam a ideologia nazifascista. Essas produções, conhecidas como "cinema de telefone branco", apresentavam narrativas deslumbrantes ambientadas em estúdios que retratavam residências elegantes, com personagens desconectados da realidade italiana, o que acabava por reforçar os valores do regime fascista (Mogadouro, 2015).

Naquele momento, o cinema italiano tentava também imitar Hollywood com o Cinecittà, complexo de estúdios criado para a gravação de propagandas e inspirados nos modelos existentes na Alemanha na época do nazismo. O Cinecittà foi criado em 1937 e teve sua pedra inaugural lançada pelo ditador Benito Mussolini. O neorrealismo reunia filmes que partilhavam do mesmo contexto histórico da Itália pós-guerra; um projeto de mostrar a realidade desta Itália, com uma vontade feroz de transgredir os códigos cinematográficos, Hollywood em primeiro lugar.

Ao contrário do realismo, o neorrealismo não se baseava apenas em temas; implicava uma técnica precisa, ou uma ausência de técnica. O neorrealismo era, antes de tudo, uma questão de encenação (cujos abusos eram denunciados) e de preconceito artístico. Os adeptos do neorrealismo artístico sobressaíram na resistência italiana contra o fascismo e a ocupação nazista, unindo diversas facções, como católicos, socialistas, comunistas, anarquistas, monarquistas e liberais.

Os cineastas neorrealistas abandonaram a filmagem em estúdio; era preciso filmar o mundo no seu lugar não reconstituído, ou seja, na rua. As preocupações estéticas eram rejeitadas: a encenação e a iluminação já não precisavam de cuidados para agradar ao público. A verdade deveria substituir a beleza. Em uma situação econômica difícil, com limitações para fazer grandes produções, com o Cinecittá danificado pelos contextos da guerra, as características do neorrealismo surgiram como uma proposta estética intencional de produzir filmes contrários aos produzidos anteriormente.

O neorrealismo italiano passou a construir uma linguagem com características muito próprias, utilizando imagens em planos conjunto e médio, poucos planos fechados e uma câmera que apenas registrava as imagens, sem conduzir o espectador. A utilização de cenários reais, nas ruas das cidades italianas, e não nos estúdios, diversas improvisações durante as filmagens, além da participação de público comum, pessoas que não eram atores profissionais, interpretando diálogos muito simples.

No entanto, os filmes neorrealistas não são documentários. Atores não profissionais não eram filmados durante suas atividades diárias, mas introduzidos em histórias escritas pelo cineasta ou pelo roteirista. Não se tratava, porém, de ficções na sua essência, visto que permitiam ao espectador compreender melhor determinada situação histórica, política e social.

O filme *Roma, cidade aberta* (1945), dirigido pelo diretor Roberto Rossellini, apresenta a cidade de Roma logo depois da desocupação nazista. No filme, é possível verificar a presença dos soldados alemães, que também participam como figurantes, além da cidade em destroços. O filme é considerado o marco do movimento neorrealista italiano (Fabris, 1996), e teve como roteirista um jovem cineasta que mais tarde seria considerado um dos maiores do mundo, Federico Fellini. A cena da personagem Pina (interpretada pela atriz Anna Magnani) correndo atrás do carro da polícia e sendo assassinada na frente do próprio filho tornou-se histórica para o cinema mundial (Mogadouro, 2015).

Apesar de não ser aceito pela crítica italiana, *Roma, cidade aberta* (1945) ganhou o prêmio de melhor filme no Festival de Cannes em 1946, fazendo circular no mundo todo e tornando Roberto Rossellini um dos mais importantes cineastas do mundo. Ainda no movimento neorrealista, Rosselini realizou *Paisà* (1946), sobre situações da Segunda Guerra Mundial, e *Alemanha ano zero* (1948), que tem como protagonista uma criança diante das ruínas alemãs no pós-guerra.

Vittorio De Sica é outro importante diretor do movimento, tendo dirigido filmes como *A culpa dos pais* (1943), *Vítimas da tormenta* (1946), *Ladrões de bicicleta* (1948), *Milagre em Milão* (1951) e *Umberto D* (1951). *Ladrões de bicicleta,* seu filme mais famoso, apresenta a condição dos desempregados do pós-guerra. Com o neorrealismo, a política dos atores e atrizes estrelas desaparece. Atores não profissionais são empregados quase exclusivamente. A esse respeito, o filme é exemplar e não isento de ironia. Há uma cena em que o personagem Antônio encontra um emprego como colador de cartazes, que não consegue manter sem a sua bicicleta. No entanto, esta é roubada enquanto ele cola na parede um pôster da atriz hollywoodiana Rita Hayworth, a estrela absoluta, em Gilda (1946).

O filme *Umberto D* é um drama sobre a condição dos idosos no pós-guerra. O personagem principal tem dificuldades para pagar a moradia com sua aposentadoria, e seu único bem é uma cachorra. Essa triste condição de pobreza e dificuldade dos idosos é ressaltada na cena em que Umberto é internado em um hospital público e encontra um doente que confessa permanecer doente para se alimentar e dormir no hospital (Mogadouro, 2015).

Outro importante cineasta do neorrealismo foi Luchino Visconti, que dirigiu os filmes *Obsessão* (1943), *A terra treme* (1948) e *Belíssima* (1951). Neste, o diretor narra uma emocionante saga de amor maternal, no qual uma mãe, a brilhante atriz Anna Magnani, passa por diversos sacrifícios por sua filha. O diretor não se limitou ao neorrealismo e ainda dirigiu filmes como *Noites brancas* (1957) e *Rocco e seus irmãos* (1960), não considerando as características do movimento.

Após a segunda metade da década de 1950, o neorrealismo foi pouco a pouco se desmantelando, pelo fracasso nas bilheterias e pela recusa do público italiano em ver no cinema as suas mazelas, como a pobreza e a destruição. Durante a década de 1960, o país retomou sua economia, e os temas do neorrealismo já não faziam sentido para o público italiano. Com isso, o cinema italiano buscou novos caminhos, como as comédias. No entanto, o movimento influenciou diretores como Federico Fellini, Michelangelo Antonioni e Ettore Scola e, mesmo no Brasil, foi uma das grandes influências do Cinema Novo, principalmente para os diretores Nelson Pereira dos Santos e Glauber Rocha.

NOUVELLE VAGUE

A expressão francesa *nouvelle vague* (a nova onda) é comumente usada para descrever a nova geração de cineastas franceses que surgiu no final da década de 1950, mas esse grupo foi, na realidade, um verdadeiro maremoto. Jovens cineastas franceses, e sobretudo, inconformistas com o cinema vigente à época, vieram abalar as regras estabelecidas do cinema francês e, assim permitiram o surgimento de um novo cinema: o cinema de autor. Eles também eram contrários às superproduções hollywoodianas produzidas pelos principais estúdios com grandes orçamentos.

Os grandes expoentes dessa tendência foram François Truffaut, Jean-Luc Godard, Claude Chabrol, Éric Rohmer, Jacques Rivette e Alain Resnais, que tinham por volta dos trinta anos de idade, eram aficionados por cinema e, em sua maioria, eram críticos muito duros da revista *Les cahiers du cinéma* (criada em 1951). Esses jovens cineastas em ascensão estavam fartos do academicismo cinematográfico em que a França esteve presa durante muitos anos. François Truffaut denunciava certa tendência no cinema francês em *Les cahiers du cinéma*, lamentando o conformismo dos velhos cineastas, o "cinema do pai" e o exagero da estética e dos belos diálogos. Ele condenava a lacuna entre a realidade e sua representação na tela.

Esses cineastas não se limitavam a criticar. A partir de um desafio do crítico André Bazin, um dos fundadores da *Les cahiers du cinema*, eles literalmente agiram, ou seja, foram para trás das câmeras e começaram a dirigir seus próprios filmes. Graças ao desenvolvimento técnico da época, com câmeras leve e baratas, filmes sensíveis à luz do dia e que permitiam filmar fora dos estúdios, além de captar som de qualidade, eles finalmente conseguiram a direção. Os orçamentos eram muitas vezes modestos, e esses realizadores improvisados não tinham experiência em filmagem, mas embarcam na aventura.

A partir daí, foi o fim dos cuidadosos sets de filmagem, das filmagens em estúdio, dos belos diálogos, das histórias irreais. Eles abriram espaço para estranhos, filmagens de rua, histórias simples, por vezes autobiográficas e, muitas vezes, improvisadas. O cinema ganhou em naturalidade e simplicidade.

Os cineastas da Nouvelle Vague muitas vezes faziam o papel de roteiristas, diretores e produtores, e suas equipes eram mínimas. O resultado desse trabalho contrariava todas as normas então em vigor. A montagem, às vezes, era muito rápida. No entanto, mesmo que um objetivo comum unisse esses diversos jovens realizadores, como acabar com o conformismo dos anos anteriores e ter uma abordagem inovadora ao cinema, a comparação parava aí.

Jean-Luc Godard foi o cineasta que mais produziu e inovou, com filmes como *Acossado* (1960), *Uma mulher é uma mulher* (1961), *Alphaville (1965)*, e *O demônio das onze horas* (1965). Godard rompeu com Truffaut em 1968, o que, para muitos, causou o fim do movimento.

O cineasta François Truffaut, com seus filmes *Os incompreendidos* (1959), *Jules e Jim* (1961), *O garoto selvagem* (1970) e *O homem que amava as mulheres* (1977), é o principal cineasta do movimento, ao lado de Jean-Luc Godard. Teve uma infância conturbada; quando era adolescente, foi adotado por André Bazin, que se tornou seu protetor e o incentivou a ser crítico da *Les Cahiers du Cinema* e cinestasta. Seu primeiro longa, *Os incompreendidos*, venceu o Festival de Cannes e *A noite americana* (1973) ganhou o Oscar de melhor filme estrangeiro.

O público se entusiasmou com esses filmes de aspecto amador, tão diferentes dos filmes da época, e o sucesso foi imediato. Novos rostos apareceram nas telas, como Jean-Paul Belmondo, Jeanne Moreau, Jean-Claude Brialy, Bernadette Lafont e Jean-Pierre Léaud. Na Nouvelle Vague, o ator era tão importante quanto no neorrealismo italiano. Ele não era mais um instrumento, mas devia doar, participar da produção. A Nouvelle Vague também compartilhava com o neorrealismo a recusa de ficar presa ao roteiro voltado para uma moral compreensível por todos e ao mesmo tempo.

Muito rapidamente, a partir de 1961, o público se cansou e a Nouvelle Vague enfraqueceu, tendo sobrevivido até 1965. Aos poucos, a maioria desses jovens diretores teve que mudar novamente de carreira ou retornar ao classicismo. Mesmo terminado, o movimento mudou a concepção do cinema francês e influenciou muitos países, inclusive os Estados Unidos, o Brasil e, especialmente, os países orientais.

A NOVA HOLLYWOOD

Após a Era de Ouro do cinema hollywoodiano, entre as décadas de 1920 e 1960, a indústria cinematográfica começou a enfrentar uma dura crise de consumo, e o cinema americano passava por uma transformação. No entanto, durante esse período, os estúdios de Hollywood permaneceram no padrão clássico. Eles eram liderados por produtores na casa dos 70 anos que não conseguiam entender o que estava acontecendo fora dos estúdios. A crise era grave para os estúdios que persistiam em produzir espetáculos grandes e caros, totalmente desligados das preocupações da geração *baby boomer* e do movimento hippie. Eles acumulavam fracassos amargos e registravam perdas. O sistema, herdado do pós-guerra, estava literalmente em agonia; muitos estúdios foram comprados por grandes grupos financeiros. No ano de 1969, os estúdios de Hollywood perderam cerca de 200 milhões de dólares.

Para sair dessa crise, os produtores passaram a produzir filmes destinados aos jovens e seguindo os princípios da contracultura. Em 1969, o sucesso inesperado de um filme dirigido por um cineasta desconhecido, ligado ao movimento hippie, teve o efeito de uma bomba: Sem destino (1969), de Dennis Hopper, conscientizou os estúdios sobre o desejo de novidade entre o público jovem. Começaram então dez anos eufóricos durante os quais Hollywood mudou literalmente de cara e nos quais os recém-chegados, beneficiando-se de uma liberdade quase total, se desvencilharam das regras do cinema clássico que, aliás, admiravam. Esse movimento ficou conhecido como Nova Hollywood.

O contexto que deu origem à Nova Hollywood foi extraordinário sob todos os pontos de vista. No final da década de 1960, os Estados Unidos estavam banhados por uma atmosfera de mudança: a revolução iniciada pelo rock, a violência onipresente com a Guerra do Vietnã, cujo horror penetrava nos lares por meio dos noticiários televisivos, a luta dos negros pelos seus direitos civis, a série de assassinatos políticos, de Martin Luther King, Malcom X e Robert Kennedy. A guerra assombrava os jovens, que colocavam em prática uma vida comunitária protestante, como manifestações, os desfiles dos Panteras Negras e grandes concertos de música, como o Woodstock em 1969.

A década de 1960 foi extremamente atípica para o cinema. O grande sucesso *Se meu apartamento falasse* (1960) abordou o tema polêmico do adultério; já *Perdidos na noite (1969)* abordou o tema da prostituição masculina. Outro filme decisivo foi o clássico de Mike Nichols, *A primeira noite de um homem* (1967). Em 1966, o cineasta Michelangelo Antonioni lançou *Blow-up: depois daquele beijo*, com cenas explícitas de sexo e consumo de drogas.

Os filmes *Ao mestre com carinho*, *No calor da noite* e *Adivinhe quem vem para jantar*, todos lançados em 1967, tocam na delicada questão racial. Os filmes são protagonizados por Sidney Poitier, um dos primeiros atores negros que conseguiram desfrutar de certa popularidade em Hollywood naquele momento.

Em seu livro *Cenas de uma revolução: o nascimento da nova Hollywood*, o autor Mark Harris (2011) analisa que mais de uma década depois da lista negra do senador Joseph MacCarthy,[2] que afastou os filmes de questões políticas e sociais, o movimento pelos direitos civis se tornou a oportunidade para várias pessoas em Hollywood se manifestarem.

Vale destacar também que, àquela altura, Hollywood tinha recebido influência direta da Nouvelle Vague francesa, cujos filmes apresentavam uma abordagem mais ambiciosa, autoral e liberal do ponto de vista formal narrativo, em comparação com os filmes comerciais produzidos pelos grandes estúdios americanos. A vanguarda e a contracultura da Nouvelle Vague fizeram surgir novos atores, diretores, gêneros e subgêneros de filmes, deixando muitos outros ultrapassados.

A década de 1970 cristalizou um espírito inovador. Convocou-se uma geração de cineastas, atores, roteiristas e produtores que tomaram as rédeas de Hollywood e provocaram uma reviravolta. Foi uma verdadeira revolução: um daqueles momentos em que grandes e pequenas histórias se encontram numa febre criativa única. Os cineastas não formam uma geração em idade, mas em espírito: uns nascidos na década de 1930, outros no *baby boom*, têm

---

2 A lista negra do senador McCarthy consistia em trabalhadores de vários setores da mídia, incluindo televisão, rádio, jornalismo e cinema, que enfrentavam dificuldades para encontrar emprego devido a supostos laços comunistas ou subversivos. Essa lista foi compilada pelos estúdios de Hollywood a partir do final da década de 1940 e persistiu ao longo dos anos 1950 (Harris, 2011).

em comum o fato de terem crescido com a televisão e, acima de tudo, com uma cultura cinéfila significativa, muitas vezes adquirida na universidade. São eles: Francis Ford Coppola, Brian De Palma, George Lucas, Martin Scorsese, Steven Spielberg, Paul Schrader e John Carpenter. Muitos deles frequentaram escolas de cinema e aprenderam não apenas a mecânica da produção cinematográfica, mas também estudaram o cinema em sua estética e história. Para eles, a influência do cinema europeu da década de 1960 foi decisiva, tal como a dos mestres do cinema clássico americano. A essa altura, cineastas como William Wyler, Billy Wilder e Elia Kazan representavam o que havia de mais antiquado no cinema, mas, ainda assim, eram estudados e admirados pela Nova Hollywood.

Ao lado desses diretores novatos no cinema, surgiu outro grupo de cineastas, vindos do teatro (como Arthur Penn e Monte Hellman), do documentário (como William Friedkin), da televisão (como Robert Altmanm), da fotografia (como Jerry Schatzberg), e outros já estabelecidos, como John Cassavetes, Hal Ashby, Bob Rafelson, Terrence Malick, Mike Nichols, Peter Bogdanovich, Dennis Hopper e Michael Cimino. Outros cineastas vieram da Europa e aproveitaram esse novo espírito hollywoodiano, como Roman Polanski, Bernardo Bertolucci e Louis Malle.

Com esses cineastas da Nova Hollywood viriam novos atores, em sua maioria nova-iorquinos e formados na Actor's Studio, como Jack Nicholson, Robert De Niro, Al Pacino, Diane Keaton, Gene Hackman, Robert Duvall, Dustin Hoffman, Robert Redford, Richard Dreyfuss, Meryl Streep, Faye Dunaway, Julie Christie, Ellen Burstyn e Sissy Spacek.

Os diretores da Nova Hollywood lançaram filmes de sucesso, como *O poderoso chefão* (1972), dirigido por Francis Ford Coppola, *Tubarão* (1975), dirigido por Steven Spielberg, *O exorcista* (1973), dirigido por William Friedkin, *Guerra nas estrelas* (1977), dirigido por George Lucas, e *Taxi driver* (1976), dirigido por Martin Scorsese. Além dos grandes sucessos, filmaram também trabalhos não comerciais. Isso porque suas obras, cheias de imaginação fértil e energia rara, corriam riscos. Todos eles tinham coisas em comum: destacavam-se da narração clássica baseada na evocação cronológica dos acontecimentos; postulavam uma dúvida quanto às motivações dos personagens e, a partir daí, recusavam-se a julgá-los; tinham uma visão crítica, até mesmo pessimista, da sociedade americana; abordavam de frente a representação do sexo e da violência.

O público, exigente, curioso e ávido por novas experiências cinematográficas, acolheu com entusiasmo filmes tão variados como *Shampoo* (1975), *Chinatown* (1974), *M.A.S.H.* (1970), *Operação França* (1971), *Apocalypse now* (1979), *Perdidos na noite* (1969) e até *Taxi driver* (1976). Se antes os produtores eram os reis de Hollywood, na década de 1970, foram destronados pelos diretores. Estes se afirmavam como autores e artistas e, de fato, minavam o papel tradicional dos produtores. Novas relações foram estabelecidas entre eles e seus produtores – na verdade, foi um novo executivo da Paramount, Robert Evans, quem mudou a situação: ele tinha a intenção de favorecer o diretor no processo de realização de um filme, ideia revolucionária que mudou a forma como os filmes eram feitos em Hollywood.

A especificidade da Nova Hollywood é, portanto, ter acelerado a renovação de um sistema que estava perdendo força. A aquisição dos produtores, a evolução dos sistemas de produção – todo esse movimento apareceu, na verdade, no início da década. A partir de 1972, os sinais estavam aí: *O poderoso chefão* (1972) foi o primeiro filme a ser lançado nacionalmente. Três anos depois, *Tubarão* (1975) foi alvo de uma campanha publicitária massiva na televisão, relegando as palavras dos críticos para segundo plano. O acontecimento inédito marcou, assim, o início da busca pelos blockbusters, que dominaram grande parte do cinema da década de 1980, era das máquinas comerciais, cujo modelo incomparável é *Guerra nas estrelas* (1977), dirigido por George Lucas.

O legado deixado pelo movimento da Nova Hollywood é imenso: testemunho da revolta de uma sociedade, prova de que os jovens podem ter sua própria visão de mundo, um momento histórico que veio derrubar códigos estéticos. Como pudemos ver, a história do cinema e de sua linguagem está devidamente organizada e catalogada por movimentos como o expressionismo alemão, o neorrealismo italiano e a Nouvelle Vague francesa. A Nova Hollywood, com suas novas formas de expressão e personagens, foi certamente um dos movimentos mais decisivos na construção e consolidação do que compreendemos hoje por cinema contemporâneo. Seu legado é sentido em vários filmes, mesmo após cinquenta anos de seu surgimento.

O CINEMA BLOCKBUSTER

Atualmente, o termo blockbuster é associado a grandes produções cinematográficas, com orçamentos enormes dos principais estúdios americanos, conhecidas pelos efeitos especiais e pelo grande retorno financeiro. Porém o conceito foi utilizado pela primeira vez na década de 1970, fazendo referência não apenas ao sucesso financeiro dos filmes, mas à sua importância cultural. Filmes como *Tubarão* (1975) e *Guerra nas estrelas* (1977) se tornaram verdadeiros eventos, com filas quilométricas e uma grande repercussão na sociedade da época, e daí veio o termo "blockbuster", que significa "arrasa-quarteirão".

Esses filmes se tornaram tão arraigados em nosso subconsciente e na sociedade mundial que, mesmo hoje, são frequentemente discutidos e continuam a gerar novos produtos, alcançando a marca notável de US$ 200 milhões em bilheteria apenas nos Estados Unidos.

Em 1975, Steven Spielberg foi o responsável por dirigir o fenômeno *Tubarão* (1975). Considerado um dos primeiros blockbusters da história, o filme, que afastou as pessoas das praias e as levou aos cinemas, foi crucial para inaugurar a era dos grandes lançamentos cinematográficos durante o verão americano, uma época até então considerada desfavorável para tais estreias.

Enquanto *Tubarão* revolucionava a indústria cinematográfica com sua narrativa sobre um tubarão assassino aterrorizando uma pacata cidade, outro marco foi alcançado, criando universos cinematográficos interligados. Embora se fale muito sobre as realizações da Marvel Studios nos dias de hoje, a proposta não é inédita. George Lucas, colega de Spielberg, alcançou a devoção dos fãs com um novo tipo de espectador de cinema: o nerd. O primeiro filme da saga *Guerra nas estrelas* capturou a imaginação de sua audiência de uma forma sem precedentes e estabeleceu uma tendência. Logo cada estúdio queria sua própria aventura espacial.

Com Spielberg e Lucas liderando a indústria cinematográfica, os cineastas se uniram para criar a lendária franquia *Indiana Jones*, que logo se tornou um ícone dos blockbusters. Spielberg continuou a se aventurar em diversos filmes nos anos seguintes, dirigindo e produzindo sucessos como *Contatos imediatos de terceiro grau* (1977), *ET – o extraterrestre* (1982) e *Jurassic park: o parque dos dinossauros* (1993), além de produzir *De volta para o futuro* (1985), dirigido por Robert Zemeckis.

O cinema oriental, com suas lutas e filmes de ação, também teve forte presença nos blockbusters americanos dos anos 1980, inspirando sucessos estrelados por Bruce Willis, Arnold Schwarzenegger, Jackie Chan, Jean-Claude Van Damme e Sylvester Stallone.

Os filmes baseados em quadrinhos deram seus primeiros passos com *Superman* (1978), estrelado por Christopher Reeve, um verdadeiro marco para o cinema. Embora tenham sido lançadas sequências estreladas por Reeve, nenhuma alcançou o mesmo êxito comercial e de aclamação do primeiro filme. No final da década de 1980, foi a vez de Batman receber sua primeira adaptação séria (ao contrário da série de televisão da década de 1960), nas mãos do cineasta Tim Burton. *Batman* (1989), com Michael Keaton e Jack Nicholson, arrecadou milhões de dólares, tornando-se a maior bilheteria de 1989, embora suas sequências não tenham mantido o nível de sucesso.

Na virada dos anos 1990, ficou evidente para os estúdios que o caminho mais seguro era apostar em marcas já estabelecidas ou produtos culturais existentes. Não havia mais razão para arriscar em filmes originais; era mais fácil atrair o público para algo com o qual ele já estivesse familiarizado. Assim, nos primeiros anos do novo milênio, a literatura fantástica e os quadrinhos se tornaram as principais fontes de inspiração para os blockbusters. A trilogia *O senhor dos anéis*, baseada na obra de J. R. R. Tolkien, foi um sucesso monstruoso e, junto a ela, surgiu *Harry Potter*, a saga do jovem bruxo escrita por J. K. Rowling, que revolucionou a indústria e levou Hollywood a investir maciçamente em franquias de fantasia.

Quando falamos da Marvel, especialmente em relação aos blockbusters, referimo-nos ao sucesso fenomenal da Marvel Studios na produção de filmes baseados em seus personagens de quadrinhos. A Marvel Studios, criada em 1993 como Marvel Films, passou a ser um dos estúdios mais influentes da indústria cinematográfica. O universo cinematográfico da Marvel (MCU, do inglês Marvel Cinematic Universe) é uma série de filmes interconectados, cada um centrado em um personagem da Marvel Comics. Esse conceito de universo compartilhado foi uma abordagem revolucionária e contribuiu significativamente para o ressurgimento do termo blockbuster na indústria. O MCU começou com *Homem de Ferro* (2008) e desde então lançou uma série de filmes interligados, todos compartilhando o mesmo universo ficcional. Os filmes da Marvel se destacam por seu sucesso de crítica e público, tornando-se verdadeiros blockbusters. Eles costumam apresentar orçamentos substanciais, elencos estelares, efeitos visuais impressionantes e uma narrativa que se estende por diversos filmes, criando um fenômeno cultural em escala global.

Alguns dos filmes mais notáveis do MCU incluem *Os vingadores* (2012), *Pantera negra* (2018), *Vingadores: ultimato* (2019) e *Homem-aranha: sem volta para casa* (2021). Esses filmes alcançaram enormes bilheterias e se tornaram parte integrante da cultura popular, gerando discussões intensas entre fãs e estendendo sua influência para além das salas de cinema.

A Marvel Studios e seu sucesso no gênero de super-heróis redefiniram o padrão moderno de blockbusters, estabelecendo uma abordagem de narrativa interconectada e novos recordes de bilheteria. A estratégia da Marvel inspirou outros estúdios a buscarem abordagens semelhantes, consolidando ainda mais o conceito contemporâneo de blockbuster na indústria cinematográfica.

CINEMA ARGENTINO

O cinema em território argentino teve início no dia 18 de julho de 1896, no Teatro Odeón, em Buenos Aires, onde foram exibidos curtas-metragens dos irmãos Lumière, com um dos seus cinematógrafos. As primeiras produções argentinas foram realizadas em 1897, registrando cenas cotidianas e históricas. O primeiro curta-metragem foi *La bandera Argentina* (1897), filmado por Eugène Py, mostrando a bandeira argentina sendo hasteada, uma temática patriótica.

Nos anos iniciais do cinema argentino começaram a ser filmadas as primeiras histórias de vários diretores, com destaque para Mario Gallo, italiano radicado na Argentina, e seus filmes *El fusilamiento de Dorrego* (1908) e

La Revolución de Mayo (1909). O cinema argentino revelou grandes diretores pioneiros no cinema mudo, como Edmo Cominetti, José Agustín Ferreyra, Julio Irigoyen, Leopoldo Torres Ríos, Nelo Cosimi e Roberto Guidi.

O primeiro longa-metragem argentino foi *Amalia* (1914), do diretor Enrique García Velloso, inspirado na obra literária de mesmo nome. Adaptações da literatura argentina se tornaram bastante recorrentes nas produções cinematográficas do país. *El Apóstol* (1917) foi uma das primeiras animações do cinema mundial. Realizado por Quirino Cristiani, um animador e cartunista italiano naturalizado argentino, conta uma história que criticava o presidente argentino Hipólito Yrigoyen, que governou o país entre 1916 e 1922. Infelizmente, a animação foi totalmente destruída em um incêndio.

Nas primeiras décadas, o cinema argentino foi realizado de modo experimental, mas, a partir de 1931, com a chegada do cinema sonoro, a indústria cinematográfica se estabeleceu como um dos grandes entretenimentos ao lado do rádio e do teatro de revista. Foi o cinema sonoro que atingiu um grande público, ao contrário do cinema mudo. *Muñequitas porteñas* (1931), dirigido por José Agustín Ferreyra, foi o primeiro filme argentino com som e imagem sincronizados. Na década de 1930, a indústria cinematográfica argentina se desenvolveu e produziu diversos filmes, em sua maioria comédias leves e dramas, que eram um sucesso entre o público feminino.

O grande cantor de tango Carlos Gardel atuou como ator e contribuiu muito para a expansão do cinema sonoro na Argentina, apesar de trabalhar para estúdios americanos e franceses. Na década de 1930, também teve início o processo de industrialização do cinema argentino. Durante a década de 1940, no período da Segunda Guerra Mundial, a Argentina adotou uma postura neutra e cautelosa diante do conflito, mas isso causou retaliação por parte dos Estados Unidos. Depois de 1942, o país não conseguiu importar películas virgens, gerando diversos problemas na produção de filmes. O cinema argentino foi novamente impulsionado após o fim da Segunda Guerra, com a Lei do Cinema, promulgada em 1946 por Juan Domingo Perón, que governou o país entre 1946 e 1955. Durante o governo de Perón, o cinema argentino se recuperou e recebeu muitos incentivos. A primeira-dama argentina, Evita Perón, tinha uma forte ligação com o cinema, tendo atuado em cinco filmes antes de seu marido ser eleito presidente. O investimento no cinema foi decisivo para aumentar a produção de filmes, sendo que, em 1950, foram lançados 56 filmes e, no seguinte, 53 (Luna, 2000). Em 1955, Perón foi derrubado pela Revolução Libertadora, que instaurou uma ditadura militar de mais de dois anos, o que fez a indústria cinematográfica sofrer muito com perseguições e paralisou as produções durante o período.

Em 1957, após a queda da ditadura, foi criado o Instituto Nacional de Cine y Artes Audiovisuales (INCAA), equivalente à nossa Ancine, com o objetivo de formatar políticas de incentivo ao cinema e sua regulamentação, além de elaborar um imposto sobre a venda de ingressos de cinema para arrecadar fundos que depois financiariam festivais cinematográficos nacionais e novas produções. O INCAA incentivou o aparecimento de novos diretores e novas ideias, fazendo com que o cinema argentino se renovasse a partir da década de 1960, garantindo participações em diversos festivais internacionais.

No final da década de 1950, surgiu ainda o cinema alternativo, experimental e independente, conduzido por diretores vindos da publicidade, e houve uma retomada do cinema político, de denúncias sociais, temas já presentes desde o início da cinematografia do país, mas que ganharam novas forças com a ditadura. Em 1966, mais uma vez a Argentina sofreu um golpe que instaurou uma ditadura militar, que permaneceu até 1973. O país voltou a ser uma democracia com a chegada de Juan Perón ao poder em 1973, impulsionando, mais uma vez, o cinema argentino, com grandes sucessos de crítica e público. Em 1976, a ditadura militar novamente tomou conta do país e passou a controlar a cultura argentina. Com o fim da ditadura em 1983, chegou ao fim a censura, o que promoveu espaço para uma espécie de renascimento do cinema nacional. Os filmes argentinos começam a participar de grandes festivais e a ganhar prêmios internacionais, passando a ser reconhecidos também fora da América Latina.

Na década de 1990, um movimento mudou o cinema no país: o Novo Cinema Argentino. Foi um movimento marcado pelo caráter independente de suas produções, sendo seu precursor o filme *Rapado* (1992), de Martín Rejtman. Outros diretores independentes ganharam espaço com filmes cada vez mais aclamados, principalmente pela crítica, destacando Lucrecia

Martel, uma das principais cineastas argentinas, com obras como *O pântano* (2001), que foi destaque dos festivais de Berlim e Havana, *A menina santa* (2004), *A mulher sem cabeça* (2008) e *Zama* (2017).

Durante a década de 1990, o Estado iniciou a implementação de diversas medidas voltadas para a promoção dos filmes nacionais. Essas medidas tiveram como objetivo assegurar uma permanência mais prolongada dessas produções nas salas de cinema. Além disso, foram adotadas ações específicas para apoiar financeiramente e viabilizar a produção desses filmes. Essa abordagem visava um incremento significativo na produção cinematográfica nacional.

A partir da década de 2000, em um novo movimento chamado Buena Onda, os cineastas argentinos passam a contar histórias focadas no ser humano, com temáticas universais, usando sempre como pano de fundo seu contexto histórico, atingindo assim não apenas o público nacional, mas de qualquer lugar que pudesse se identificar com questões similares. Desde então o cinema argentino tem se destacado cada vez mais e se estabelecido com produções relevantes.

O filme *O segredo dos seus olhos* (2009), dirigido por Juan José Campanella, conta a história de Benjamin Espósito, interpretado por Ricardo Darín (um dos maiores atores argentinos), um agente que investiga a morte de uma jovem em 1974, no conturbado cenário político da década de 1970, e também no final da década de 1990, com uma narrativa não linear.

A Argentina é o único país sul-americano que ganhou dois Oscars de melhor filme estrangeiro, tendo concorrido ao prêmio sete vezes, sendo o país latino-americano com mais indicações nessa categoria. Os dois filmes ganhadores, *A história oficial* (1986), de Luis Puenzo, e *O segredo dos seus olhos* (2009), abordaram o tema dos anos da ditadura militar no país.

ARREMATANDO AS IDEIAS

Neste capítulo, vimos que a tecnologia pioneira do cinematógrafo dos irmãos Lumière foi fundamental para a captura e exibição de imagens, inaugurando uma era revolucionária na história do cinema. Embora diversas inovações tenham sido desenvolvidas na época, como uma progressão natural da fotografia, foi na França que o cinema deu seus primeiros passos, ao lado de nomes como o do americano Thomas Edison.

Escolas e movimentos cinematográficos surgiram, visando explorar e consolidar paradigmas na linguagem cinematográfica. Teóricos como Serguei Eisenstein e Lev Kuleshov valorizavam a montagem como elemento central da linguagem cinematográfica, destacando o poder de interpretação que a sequência de planos podia conferir a uma cena. O neorrealismo na Itália pós-guerra, que mesclava cenas documentais com interpretações de atores não profissionais, influenciou o Cinema Novo no Brasil, que buscava retratar a realidade socioeconômica do país.

Paralelamente aos grandes movimentos cinematográficos, Hollywood desenvolveu uma abordagem distinta, centrada na projeção da ideologia americana e na maximização do retorno financeiro. Até meados do século XX, o cinema de Hollywood era dominado por uma visão centrada no produtor, que frequentemente influenciava as decisões dos diretores visando o sucesso comercial. Diretores como D. W. Griffith, com *O nascimento de uma nação* (1915), e Orson Welles, com *Cidadão Kane* (1941), deixaram marcas no cinema, cada um à sua maneira.

A Nouvelle Vague francesa foi um dos últimos movimentos cinematográficos de grande escala, caracterizado pela valorização da autoria do diretor e pela introdução de temáticas inovadoras e rupturas com a linguagem cinematográfica tradicional. Diretores como Jean-Luc Godard, François Truffaut e outros transformaram a narrativa cinematográfica, influenciando tanto Hollywood quanto o cenário global do cinema. As ideias revolucionárias da Nouvelle Vague ecoaram em Hollywood, inspirando uma nova geração de diretores que emergiram das novas escolas de cinema. Nomes como Francis Ford Coppola, Martin Scorsese, George Lucas, Steven Spielberg e outros trouxeram novas perspectivas e propostas estéticas para a indústria cinematográfica, enriquecendo-a com uma variedade de temas e abordagens.

CAPÍTULO 4

Panorama do cinema brasileiro

O cinema brasileiro é uma expressão cultural vibrante e multifacetada que reflete a rica diversidade do país. Desde seus primórdios até os dias atuais, o cinema brasileiro tem desempenhado um papel crucial na representação da identidade nacional, na abordagem de questões sociais e políticas, e na promoção do diálogo intercultural. O cinema no Brasil passou por diversas fases e transformações, refletindo tanto as influências internacionais quanto as peculiaridades locais.

Por meio de sua vasta produção, o cinema brasileiro abraça uma ampla gama de gêneros, estilos e temas. Desde o Cinema Novo, movimento marcante das décadas de 1960 e 1970 que trouxe uma abordagem mais crítica e experimental, até as produções contemporâneas, que exploram temas como a desigualdade social, a diversidade cultural e a preservação ambiental, o cinema brasileiro continua a se reinventar.

Além de sua importância artística e cultural, o cinema brasileiro também é muito significativo para a economia do país, contribuindo para a criação de empregos, o turismo e a projeção internacional da cultura brasileira. Com cineastas renomados como Glauber Rocha, Héctor Babenco, Walter Salles, Fernando Meirelles e tantos outros, conquistou reconhecimento mundial e continua a inspirar e cativar audiências em todo o mundo.

Vamos explorar a fascinante jornada do cinema brasileiro, desde seus primórdios até as tendências contemporâneas, destacando suas principais características, influências e contribuições para o cenário cinematográfico global.

INÍCIO DO CINEMA BRASILEIRO

Poucos meses após a exibição do cinematógrafo dos irmãos Lumière em Paris, ocorreu a primeira sessão de cinema em solo brasileiro, no dia 8 de julho de 1896, na rua do Ouvidor, no centro do Rio de Janeiro, exibindo filmes curtos com imagens de cidades da Europa. Foi o início das atividades cinematográficas no país, e logo depois começam as primeiras filmagens, que são atribuídas a Vittorio Di Maio, Affonso Segreto e José Roberto Cunha Salles.

A produção nacional deu os primeiros passos em 1898, quando os irmãos Affonso e Paschoal Segreto filmaram o cotidiano carioca, mas ainda de forma rudimentar. Afonso Segreto fez imagens do Rio de Janeiro quando retornou de uma viagem à Europa trazendo uma filmadora. Alguns historiadores atribuem a ele a filmagem de *Uma vista da Baía de Guanabara*, realizada no dia 19 de junho de 1898. Por conta desta, que seria a primeira filmagem brasileira, foi instituído o Dia do Cinema Brasileiro.

Assim como na França e nos Estados Unidos, os primeiros filmes brasileiros apresentavam cenas cotidianas da sociedade da época, muitas vezes sem contar uma história. As primeiras produções eram de baixo orçamento e sem muita técnica. Logo depois começaram a ser produzidos os primeiros filmes de ficção, majoritariamente comédias, e poucos dramas. O filme *Os estranguladores* (1908), feito pelo fotojornalista português António Leal, é considerado o primeiro filme ficcional brasileiro e conta a história de um caso policial que ocorreu no Rio de Janeiro.

A partir da década de 1910, as produções de Hollywood e outros filmes estrangeiros invadiram as salas de cinema, rivalizando com as produções nacionais. Por volta da década de 1930, o Brasil já se dava ao luxo de reunir uma cinematografia expressiva em quantidade e qualidade. Mário Peixoto dirigiu *Limite* (1931), obra-prima do cinema mudo. O filme conta a história de duas mulheres, interpretadas por Olga Breno e Tatiana Rey, e um homem, interpretado por Raul Schnoor, que estão em um barco à deriva e, para passar o tempo, relembram de fatos passados. Em Minas Gerais, surgiu o cineasta que iria influenciar gerações futuras: Humberto Mauro, autor de clássicos como *Ganga bruta* (1933) e uma série de filmes regionais realizada na cidade mineira de Cataguases. Na década de 1930, concorrendo com o cinema estrangeiro, surgiu uma produtora de filmes chamada Cinédia, criadora das primeiras chanchadas e de grande importância para a história do cinema nacional.

Cinédia

A Cinédia, inaugurada em 15 de março de 1930 pelo jornalista carioca Adhemar Gonzaga, foi a primeira experiência de produção industrial de cinema nacional. Seu foco estava em dramas populares e comédias musicais, conhecidas como chanchadas. Foi um marco histórico por inaugurar a mentalidade da produção cinematográfica em escala industrial no país.

No ano de 1933, foi lançada no cinema uma estrela que conquistaria Hollywood: a cantora e atriz Carmem Miranda, que atuou no filme *A voz do carnaval* (1933), dirigido por Adhemar Gonzaga e Humberto Mauro. A Cinédia lançou também vários atores de grande sucesso no cinema nacional, como Dercy Gonçalves, Grande Otelo e Oscarito.

Diretores como Humberto Mauro, de *Lábios sem beijos* (1930), ou Mário Peixoto, de *Limite* (1931), trabalharam na Cinédia. Além de produzir alguns filmes de Humberto Mauro, a Cinédia também levou para as telas dramas populares e comédias musicais. Entre as grandes produções do estúdio estão *Bonequinha de seda* (1936), dirigido por Oduvaldo Vianna, e *Alô, alô carnaval* (1937), dirigido por Adhemar Gonzaga.

Ganga bruta (1933), dirigido por Humberto Mauro, conta a história de Marcos, que, na noite de seu casamento, descobre que sua esposa não era virgem e acaba por matá-la. O escândalo repercute em todos os jornais da capital, mas Marcos consegue ser absolvido. Para esquecer o fato, Marcos se muda para Guaraíba, onde, trabalhando muito, acha que poderá afastar a tragédia de seu pensamento. *Ganga bruta* foi um fracasso comercial que quase custou a carreira do diretor e contribuiu para as dificuldades financeiras da Cinédia. O filme demorou a atingir um público já acostumado com a qualidade dos filmes falados de Hollywood. No entanto, anos mais tarde, em 1995, foi eleito um dos cem melhores filmes da história do cinema.

Um dos maiores sucessos da Cinédia foi o filme *O ébrio* (1946), protagonizado pelo ator e cantor Vicente Celestino, dirigido por sua esposa, a atriz, cantora e cineasta Gilda de Abreu, e escrito pelo casal, baseado na música que tem o mesmo nome e que já havia sido adaptada para o teatro. O filme conta a história de um jovem interiorano com um grande talento musical e boa condição financeira, mas que fica em dificuldade quando seu pai perde a fazenda da família. O jovem então vai para a cidade, onde passa por várias adversidades, até se inscrever em um concurso de calouros de um programa de rádio.

A Cinédia terminou suas atividades como produtora e realizadora em 1951, mas abriu caminho para outras produtoras no cinema brasileiro.

Atlântida

Outra produtora fundamental para o fortalecimento do cinema nacional foi a Atlântida Cinematográfica, fundada 1941 por Moacyir Fenelon e os irmãos José Carlos e Paulo Burle. Seus criadores tinham como objetivo o progresso do cinema brasileiro por meio de empreendimentos industriais, e almejavam a união entre a arte e o cinema popular.

O primeiro sucesso da produtora foi o filme *Moleque Tião* (1943), dirigido por José Carlos Burle. Tinha como protagonista o ator Grande Otelo, e a história era inspirada na vida do próprio ator. Com esse filme, a produtora entrou nas discussões das questões sociais. Entre os anos de 1943 e 1947, a produtora lançou doze filmes, entre eles, *Tristezas não pagam dívidas* (1944), que reuniu pela primeira vez uma dupla que faria história no cinema nacional: Grande Otelo e Oscarito.

No ano de 1947, o controle da Atlântida passou para o grupo de Luiz Severiano Ribeiro, uma companhia brasileira investidora do cinema, e ganhou uma linha mais comercial. A produtora divertiu o público brasileiro com suas chanchadas e fez a alegria dos cariocas, que viram suas paisagens e seus hábitos retratados nos filmes. A Atlântida produziu o total de 66 filmes até 1962, quando interrompeu suas atividades.

Outros sucessos da Atlântida eram os filmes carnavalescos, chanchadas que aproveitavam o Carnaval, tendo como principal diretor Watson Macedo, com sucessos como *Não adianta chorar* (1945) e *Fantasma por acaso* (1948). Um dos filmes de maior sucesso nesse período foi *Carnaval no fogo* (1949), do mesmo diretor, no qual Oscarito encarna Romeu e Grande Otelo vive Julieta, numa paródia típica das chanchadas, o que os consagra como os principais comediantes da época. Nesse filme, estrearam canções de renomados compositores, como Antônio Nássara e Wilson Batista ("Balzaquiana") e Luiz Gonzaga e Humberto Teixeira ("Meu brotinho" e "Me deixe em paz"). Infelizmente, as cópias que sobraram do filme têm ausência de cenas importantes, mas ainda assim é um filme referência do sucesso da chanchada no cinema brasileiro.

As chanchadas da Atlântida foram perdendo importância com a entrada da Vera Cruz e suas produções na década de 1950.

Vera Cruz

Os estúdios Vera Cruz foram fundados em 4 de novembro de 1949, por iniciativa de dois entusiastas do cinema: o produtor teatral Franco Zampari e o industrial e mecenas das artes Francisco Matarazzo Sobrinho, mais conhecido como Ciccillo Matarazzo. A estrutura do Vera Cruz foi inspirada nos estúdios da MGM, nos Estados Unidos, e da Cinecittà, na Itália.

Ao final da década de 1940, os dois conviviam com a forte movimentação artística da capital paulista, repleta de cineclubes, abertura de novos museus, além de revistas e seminários que contribuíam para alavancar esse tipo de produção cultural.

Os cinco anos de funcionamento da Vera Cruz, entre 1949 e 1954, renderam 22 produções, entre curtas e longas-metragens, sendo a mais famosa *O cangaceiro* (1953), dirigido por Lima Barreto, além dos curtas *Painel* (1950) e *Santuário* (1951). A maioria das produções da Vera Cruz foi estrelada pelo ícone Amácio Mazzaropi (1912-1981), o campeão de bilheteria até a década de 1970.

O filme *O cangaceiro* (1953) tinha um tema absolutamente original para a época: em meio à luta contra as tropas organizadas para a defesa dos vilarejos do sertão nordestino, surge um conflito entre dois cangaceiros por conta de uma professora raptada, que um deles pretende libertar por amor. Essa mistura de faroeste sertanejo com drama romântico, épico e histórico tornou-se uma forma clássica do cinema brasileiro, criando o gênero cangaço. O filme foi distribuído e exibido em mais de oitenta países, e se tornou o grande sucesso dos estúdios Vera Cruz e sua maior bilheteria. Apesar disso, não garantiu a recuperação dos estúdios em sua maior crise. O filme tem como música-tema "Mulher rendeira", interpretada por Vanja Orico e acompanhada pelo coro dos Demônios da Garoa. Em 1953, foi premiado como melhor filme de aventura e teve menção honrosa pela música, composta por Gabriel Migliori, no Festival de Cannes e de melhor filme no Festival de Edimburgo.

A Companhia Cinematográfica Vera Cruz foi uma importante produtora de cinema, que buscava a excelência técnica tendo como modelo o cinema europeu. Bancada por grandes empresários, a companhia importou técnicos e diretores europeus, produzindo 22 filmes em apenas cinco anos de existência. Apesar do impulso inicial, tão importante para a indústria cinematográfica brasileira, a Vera Cruz foi à falência em 1954.

A estrutura dos estúdios Vera Cruz existe até hoje, mas, durante muito tempo, ficou abandonada. Em 2017, a prefeitura de São Bernardo do Campo retomou a gestão do espaço, que passou a se chamar Estúdios e Pavilhões de São Bernardo do Campo, com o objetivo de fomentar as produções audiovisuais. Desde então, o espaço passou a contar com produções televisuais, como os programas *The wall*, da Rede Globo; *Canta comigo* e *The four*, da TV Record, além de gravações de publicidade. A TV Bandeirantes também fez um acordo para uso das instalações.

CHANCHADA

A chanchada é um gênero cinematográfico nascido em 1941, na cidade do Rio de Janeiro, então capital do Brasil, junto com a Companhia Cinematográfica Atlântida. Esse projeto artístico é uma fórmula de entretenimento criada com doses de tramas inocentes, marchinhas carnavalescas pontuando histórias cômicas, romantismo e muita confusão. O gênero, de natureza popular, tornou-se sinônimo de cultura brasileira entre as décadas de 1930 e 1960. A Atlântida conseguiu entrar nesse nicho e logo viu o público brasileiro aumentar, pouco a pouco. Aliando musicais com a magia do Carnaval e um humor ingênuo, quase ridículo, levam as chanchadas ao sucesso. Em um momento que o mercado cinematográfico nacional era dominado pela produção americana, a chegada da chanchada, para o bem e para o mal, foi uma forma que o cinema nacional encontrou de se mostrar mais nas telas (Ramos; Miranda, 2000).

As chanchadas cultivavam o estereótipo de um estilo menor, mesmo assim, as salas de cinemas estavam sempre repletas de fãs ávidos por novas aventuras cômicas. Filmes como *Carnaval no fogo* (1949) apresentavam lutas e um corre-corre bem-humorado. O filme *Nem Sansão, nem Dalila* (1955) era uma imitação divertida do clássico hollywoodiano *Sansão e Dalila* (1949), dirigido por Cecil B. DeMille.

Nas telas das chanchadas desfilava a inesquecível dupla Oscarito e Grande Otelo, além do eterno vilão José Lewgoy, em produções como *Matar ou correr* (1954), uma versão parodiada do faroeste *Matar ou morrer* (1952). O público se emocionava com o par amoroso entre a cantora Eliana e o ator e diretor Anselmo Duarte, e com outros artistas como Cyll Farney, Zezé Macedo, Sônia Mamede, Ilka Soares e Zé Trindade.

Os produtos da chanchada procuravam sempre reproduzir de forma divertida o estilo americano, mas somavam à paródia o jeito de ser do brasileiro, seus trejeitos brejeiros, as piadas cariocas e o discurso travesso. Produzia-se, dessa forma, um gênero tipicamente brasileiro, que atraía boa parte do público nacional.

A década de 1960 marcou, em geral, o final dessa etapa da trajetória do cinema brasileiro, com o surgimento do Cinema Novo e a transferência da capital para o Distrito Federal. Após esse evento histórico, a Atlântida encerrou suas atividades em 1961, sepultando, assim, o gênero conhecido como chanchada. Alguns pesquisadores determinam o ano de 1957 como o momento derradeiro dessa modalidade artística, quando foi exibido o filme *Garotas e samba* (1957).

MAZZAROPI

Amácio Mazzaropi (1912-1981), nascido na cidade de São Paulo, cresceu em Taubaté, no interior paulista, filho de um italiano com uma portuguesa. Foi um dos maiores nomes do cinema brasileiro, muito popular, mas não tão bem aceito pela crítica. Teve trajetória única no cinema, que revela muito da cultura brasileira. Desde pequeno, gostava de atuar e adorava circo, mas isso não agradava seu pai, o que o levou a fugir de casa aos 14 anos para acompanhar um espetáculo. Tinha como grande influência o ator e músico Genésio Arruda, que teve um programa de rádio na Rádio Tupi de São Paulo e foi um dos primeiros artistas a representar caipiras. Participou do filme *Acabaram-se os otários* (1939), considerado o primeiro filme sonoro brasileiro, no qual aparece no papel de um caipira.

Outra grande influência para Mazzaropi for Cornélio Pires, que viajou o Brasil levando a tradicional cultura caipira paulista por meio de shows, livros e palestras. Dirigiu filmes como *Vamos passear* (1935), sobre a cultura caipira, com participação de cantores sertanejos.

Na década de 1940, Mazzaroppi estreou no teatro com grande sucesso, o que o fez chegar à Rádio Tupi, onde ganhou um programa de entrevistas. Na televisão (TV Tupi), foi convidado a fazer o programa *Rancho alegre* (1950). O programa durou quase quatro anos com muito sucesso, parando em 1954, justamente quando Mazzaropi resolveu se dedicar mais ao cinema.

Seu sucesso no rádio e na televisão chamaram a atenção do diretor da Vera Cruz, Abílio Pereira de Almeida, que o convidou para um papel no filme *Sai da frente* (1952), dirigido pelo próprio Abílio, em que Mazzaropi interpreta Anastácio, um atrapalhado motorista de caminhão que tem que levar uma mudança para Santos, mas provoca diversas confusões. Nesse filme, Mazzaropi atua ao lado de Duque, um cão que ficou famoso por participar de diversos filmes da Vera Cruz.

Naquele momento, a Vera Cruz já estava em crise e havia criado linhas diferentes de produção, sendo a comédia uma delas, com Mazzaropi como principal estrela. Inicialmente, ele atuou em papéis cômicos, como em *Nadando em dinheiro* (1952) e *Candinho* (1954), e apenas mais tarde atuaria como o personagem caipira que lhe trouxe fama e sucesso. Após o fechamento dos Estúdios Vera Cruz, em 1954, Mazzaropi participou de mais cinco filmes em outras produtoras, sendo, talvez, *O gato de madame* (1956) o mais famoso.

Mazzaropi é um dos poucos profissionais que trabalharam como atores, diretores e produtores e que tiveram grande sucesso nas três frentes e por tanto tempo. Fez 24 filmes, praticamente um por ano, todos com sucesso incrível. Em 1958, juntou todas as economias para criar a Produções Amácio Mazzaropi (PAM), comprando todos os equipamentos necessários e construindo um estúdio em sua fazenda em Taubaté. A partir daí, passou a produzir e distribuir todos os seus filmes. O primeiro dessa fase é *Chofer de praça* (1958), dirigido por Milton Amaral. Mais tarde, adaptou Monteiro Lobato no filme *Jeca Tatu* (1959), também dirigido por Milton Amaral, e, logo depois, *As aventuras de Pedro Malazartes* (1960), dirigido pelo próprio Mazzaropi.

Mazzaropi também montou uma distribuidora para negociar com as salas exibidoras. Seus filmes chegavam a ter mais de um milhão de espectadores, tornando-o um dos artistas mais conhecidos do Brasil. Era um dos poucos cineastas que podiam escolher a data ou a sala de estreia dos seus filmes, que já eram aguardados pelo público.

Apesar de sua popularidade e de seu sucesso, Mazzaropi nunca foi aceito pela crítica de cinema, que não entendia seu humor autêntico, tampouco sua forma de produção com filmes simples, baratos e com roteiros ingênuos. No entanto, atuou e dirigiu diversos filmes, como *Zé do periquito* (1960), *Tristeza do Jeca* (1961), *Casinha pequenina* (1963), *O puritano da rua Augusta* (1965), *O corintiano* (1966), *O Jeca e a freira* (1968), *Um caipira em Bariloche* (1973) e *O Jeca macumbeiro* (1974). O filme *Jeca e a égua milagrosa* (1980) foi o último de Mazzaropi em que ele não apenas atuou, mas produziu, roteirizou e dirigiu. Em 1981, um ano após o lançamento desse filme, Amácio Mazzaropi faleceu de câncer, aos 69 anos.

Até hoje Mazzaropi é, muitas vezes, confundido com o personagem Jeca Tatu e seu imaginário do caipira; no entanto, ele conseguiu ir além da ideia pejorativa da preguiça e inutilidade defendidas pelo escritor Monteiro Lobato em seu livro *Urupês* (1918). O Jeca de Mazzaropi, que aparece em diversos filmes, era, sim, caricato, mas também irreverente e mais engraçado do que o original imaginado por Lobato. As classes populares se identificavam com o caipira de Mazzaropi, o que fazia desses filmes verdadeiros sucessos de público, sendo seu maior êxito em São Paulo (tanto na capital quanto no interior), Minas Gerais e Paraná.

DICA

Assista ao filme *O tapete vermelho* (2006), dirigido por Luiz Alberto Pereira. O personagem principal, Quinzinho, interpretado por Matheus Nachtergaele, promete ao filho que o levará ao cinema para ver um filme de Mazzaropi, mas em plena década de 2000, mostrando as características do mundo caipira brasileiro e suas diferenças com o Brasil moderno.

Veja também o documentário *Mazzaropi* (2013), de Celso Sabadin, que apresenta a importância do cineasta para o cinema e para a cultura brasileira.

CINEMA NOVO

O Cinema Novo é um dos movimentos brasileiros mais criativos e de maior projeção internacional, considerado por alguns críticos e historiadores como um dos fundadores de uma linguagem cinematográfica autenticamente brasileira.

Em meados da década de 1950, o cinema brasileiro se encontrava numa situação delicada: apesar de todos os esforços e investimentos passados, não tinha conseguido se desenvolver e estava puramente ameaçado de desaparecimento por falta de vontade e de criação. Ao contrário dos movimentos anteriores, como as chanchadas da Atlântida ou a fase dos estúdios Vera Cruz, os diretores do Cinema Novo não se inspiravam nos modelos americanos de produção cinematográfica. O neorrealismo italiano foi um novo modelo de produção; seus filmes eram exibidos com sucesso em todo o mundo, e o Brasil não foi exceção. Se *Roma, cidade aberta* (1945), de Roberto Rossellini, é considerado o marco do neorrealismo italiano, dez anos depois, *Rio, 40 graus* (1955), com roteiro e direção de Nelson Pereira dos Santos, foi o marco do Cinema Novo brasileiro.

O diretor Nelson Pereira dos Santos aprendeu a lição italiana apresentando o cotidiano das cidades brasileiras da forma mais simples e sem artifícios possível, utilizando uma linguagem cinematográfica direta e livre de qualquer peso. Filmado em cenários naturais com atores não profissionais, *Rio, 40 graus* mostra as ocupações de cinco pequenos vendedores de amendoim nas favelas cariocas.

Os filmes *Rio zona norte* (1957) e *O grande momento* (1958), este filmado no bairro paulistano do Brás, ambos dirigidos por Roberto Santos, são marcos do movimento, com forte influência neorrealista, apresentando as cidades do Rio de Janeiro e de São Paulo em imagens duras e sem nenhum filtro.

Outra grande influência que impulsionaria o movimento Cinema Novo ocorreu no final da década de 1950, na França, quando os diretores Jean-Luc Godard, François Truffaut e Claude Chabrol romperam o ritmo do cinema francês e, mais uma vez, os cineastas brasileiros encontraram uma nova fonte de inspiração.

O Cinema Novo tem como característica diretores que saíram dos estúdios para filmar as manifestações políticas, sobretudo contra a ditadura militar; uma estética inovadora, apesar dos limitados recursos. O movimento repercutiu rapidamente no exterior, encontrando semelhanças em movimentos cinematográficos de outros países.

Podemos destacar, entre os filmes e cineastas cinemanovistas: *Porto das caixas* (1962), de Paulo Cesar Saraceni; *Os fuzis* (1964), de Ruy Guerra; *A falecida* (1965), de Leon Hirszman; *A grande cidade* (1966), de Cacá Diegues; *A opinião pública* (1967), de Arnaldo Jabor; e *Macunaíma* (1969), de Joaquim Pedro de Andrade. Paradoxalmente, o primeiro filme brasileiro a receber reconhecimento internacional foi rejeitado pelos diretores do Cinema Novo. *O pagador de promessas* (1962), de Anselmo Duarte, não recebeu a aprovação da crítica e dos cineastas cinemanovistas brasileiros, que o criticaram. A história desse filme, baseada em uma peça de Dias Gomes, conta a história de Zé do Burro (Leonardo Villar), que faz uma promessa para Santa Bárbara, no terreiro de candomblé, quando seu animal de estimação fica doente. Caso o animal ficasse curado, ele conduziria a pé uma cruz de Monte Santo até Salvador, na Bahia, e entraria com ela na igreja católica de Santa Bárbara. Ao saber da promessa feita no terreiro de candomblé, o padre (Dionísio Azevedo) impede a entrada de Zé do Burro com a cruz, estabelecendo um impasse.

O dramaturgo Dias Gomes inicialmente desejava que seus amigos do Cinema Novo dirigissem uma versão cinematográfica da sua peça, e, assim como eles, não tinha muita confiança de que o paulista Anselmo Duarte, que tinha atuado na Vera Cruz, fizesse uma boa adaptação. O diretor, mesmo percebendo a resistência do dramaturgo, foi insistente e, com muita convicção, cravou: "Se você me der essa peça, eu vou com ela ganhar a Palma de Ouro, juro por Deus" (Gomes, 1998). *O pagador de promessas* ganhou a Palma de Ouro em Cannes, em 1962, e foi o primeiro filme brasileiro indicado ao Oscar, além de Anselmo Duarte disputar o prêmio de melhor diretor com Robert Bresson, Michelangelo Antonioni e Sidney Lumet. O receio de Dias Gomes, como dos outros cineastas do Cinema Novo, era que Anselmo Duarte recorresse a estereótipos para representar o Nordeste e o Sertão Baiano, pois, na visão dos cinemanovistas, o atraso e o subdesenvolvimento que afetavam o Brasil não estavam apenas no Nordeste ou no interior agrário, mas também nas cidades do Sudeste.

O Cinema Novo tinha chegado para revolucionar forma e conteúdo, mas, de qualquer forma, *O pagador de promessas* impulsionou o Brasil para a vanguarda do cenário artístico mundial, mesmo sem fazer parte desse Cinema Novo que os cineastas brasileiros tanto gostariam de apresentar ao mundo.

O cineasta baiano Glauber Rocha é considerado o principal nome do Cinema Novo. Seu primeiro filme, *Barravento* (1962), evoca as dificuldades de uma comunidade do litoral baiano. Anos mais tarde, causou grande impacto com o filme *Deus e o diabo na terra do Sol* (1964). Em 1967, Glauber Rocha ganhou o prêmio da crítica internacional em Cannes com *Terra em transe* (1967); e, em 1969, o de direção, com *O dragão da maldade contra o santo guerreiro* (1969). No Festival de Cannes, os fãs do Cinema Novo puderam saborear o momento: seu mais fiel representante foi reconhecido por seus pares internacionais.

Glauber Rocha criticava filmes de sucesso como *Assalto ao trem pagador* (1962), de Roberto Farias, e ao próprio *O pagador de promessas* (1962), pois, na sua visão (e na dos cinemanovistas), esses dois filmes eram ainda excessivamente tradicionais, muito vinculados a uma estética herdada do cinema americano ou lembrando as produções da Vera Cruz.

Com a ditadura militar entrando no período da linha dura a partir de 1968, em 1970, Glauber Rocha deixou o país. Ele viajou o mundo para fazer filmes, mantendo sempre suas escolhas temáticas. Os primeiros trabalhos no exílio foram *O leão de sete cabeças* (1970), rodado na República do Congo, e *Cabeças cortadas* (1970), filmado na Espanha e censurado no Brasil. O último filme do cineasta foi *A idade da Terra* (1980), que foi motivo de polêmica no Festival de Veneza, quando Glauber Rocha se sentiu injustiçado ao não ganhar o Leão de Ouro de melhor filme e protagonizou uma briga com o diretor francês Louis Malle, vencedor com o filme *Atlantic city* (1980). Glauber Rocha, com sua forma de fazer cinema extremamente inovadora e provocativa, conseguiu influenciar novas gerações de cineastas no Brasil e no mundo.

Ao mesmo tempo que o Cinema Novo se tornava cada vez mais conhecido no Brasil e no mundo, a ditadura militar, instaurada pelo golpe militar de

1964, começava a endurecer cada vez mais e a perseguir todos os âmbitos culturais. Os cineastas cinemanovistas, assim como os artistas em geral, tinham que escolher entre produzir obras que não desagradassem o governo e a censura imposta ou tentar se expressar livremente, mas fora do Brasil, que foi o que Glauber Rocha fez. Para os cineastas que optaram por permanecer no país, já não se tratava de um cinema abertamente comprometido. Enquanto alguns optaram por um cinema completamente desprovido de segundas intenções políticas, outros recorreram à alegoria mascarada para expressar suas ideias.

Apesar da qualidade desses filmes, o Cinema Novo acabou forçadamente pelo Ato Institucional nº 5 de dezembro de 1968, que consolidou ainda mais a ditadura militar. A produção brasileira passou a ser administrada pelo Instituto Nacional de Cinema e financiada pela Embrafilme, empresa estatal a serviço da ideologia no poder.

CINEMA MARGINAL (UDIGRUDI)

No final da década de 1960, portanto, em plena ditadura militar, nasceu o Cinema Marginal, com filmes de diferentes gêneros. Assim como o Cinema Novo, o Cinema Marginal também apresentava em seus filmes as desigualdades sociais no Brasil e, por conta disso, grande parte das obras desse movimento foi censurada pela ditadura militar, ou acabou ficando às margens das salas de exibição. O Cinema Marginal coincide com o decreto do AI-5, o Ato Institucional que iniciou a fase mais dura e repressiva da ditadura, que perseguiu diversos artistas, inclusive cineastas do movimento.

O movimento, também conhecido como Udigrudi, se estendeu por alguns anos da década de 1970, trazendo filmes radicais e experimentais com o objetivo de apresentar as discrepâncias da sociedade brasileira, sendo que, nesse aspecto, o Cinema Marginal se assemelha com o Cinema Novo. Porém os diretores marginais se desapontaram com os diretores cinemanovistas, que começaram a se preocupar em atingir maiores públicos e abandonaram o cinema de autor. Os diretores Ozualdo Candeias, Rogério Sganzerla e Júlio Bressane são os principais nomes do movimento.

O filme *A margem* (1967), dirigido por Ozualdo Candeias, é considerado o marco inicial do Cinema Marginal. A história do filme apresenta quatro personagens, dois casais que navegam às margens do rio Tietê, em São Paulo. Os personagens não ficam apenas às margens do rio, mas também da sociedade que os envolve, uma vez que as mulheres são prostitutas (uma delas, negra), um dos homens é cafetão e o outro apresenta problemas mentais.

Todos os filmes eram produzidos com baixo orçamento, principalmente na Boca do Lixo, região localizada no centro de São Paulo, próxima à estação da Luz, e no Rio de Janeiro, pela produtora Belair, criada pelos cineastas Rogério Sganzerla e Júlio Bressane, e pela atriz Helena Ignez. As obras do movimento abordavam diversos gêneros, como policial, drama, terror e erótico, sendo que alguns filmes apresentam narrativas incomuns. Os filmes traziam temas políticos, exóticos e polêmicos, com uso de violência e sexo, muitas vezes com o objetivo de chocar o expectador. Os diretores do Cinema Marginal fazem o cinema de autor, também característico do Cinema Novo, buscando liberdade individual, evidente na linguagem pouco convencional, com imagens desfocadas e uma montagem rápida.

No filme *Matou a família e foi ao cinema* (1969), dirigido por Júlio Bressane, um jovem mata os pais com uma navalha, sem demonstrar nervosismo ou arrependimento. Após limpar e guardar a arma no bolso, vai a um cinema. O média-metragem *Blablablá* (1968), do cineasta italiano Andrea Tonacci, apresenta um país em crise com um poder político paranoico.

O bandido da luz vermelha (1968), inspirado no criminoso real que cometia vários crimes e zombava da polícia de São Paulo, questiona quem são os verdadeiros vilões da sociedade brasileira, como a mídia, criticada por meio de uma locução inspirada em radialistas sensacionalistas, ou a classe média, caracterizada com roupas extravagantes. Essa é uma exceção ao pouco sucesso comercial do movimento nos cinemas convencionais, mas esses filmes eram muito bem recebidos em circuitos alternativos e em festivais internacionais, ganhando fama de filmes cult, o que incomodava alguns cineastas do movimento.

O Cinema Marginal apresenta personagens anti-heroicos, literalmente à margem da sociedade. Em *Copacabana mon amour* (1970), dirigido por Rogério Sganzerla, uma prostituta, Sônia Silk, tem o sonho de se tornar uma grande cantora da Rádio Nacional. Foi filmado em grande parte nas favelas do Rio de Janeiro, e a trilha sonora foi feita por Gilberto Gil.

Outro personagem anti-heroico é Lula, no filme *Meteorango kid: o herói intergalático* (1969), dirigido pelo jovem cineasta baiano André Luiz Oliveira. Lula, interpretado pelo ator Antônio Luiz Martins, é um universitário que quer se tornar um cineasta. Ele se droga e, para enfrentar seus pais conservadores, se veste de super-herói.

O Cinema Marginal representa um momento de intensa criação, buscando uma arte moderna que desmonte o discurso do cinema tradicional. Encontra eco na diversidade de interpretações contraditórias, na essência da colagem e na paródia, e radicaliza tanto a temática quanto a linguagem do cinema brasileiro, em um período marcado pela intensificação da repressão durante a ditadura militar.

Ao quebrar os códigos de forma ainda mais explícita do que o Cinema Novo havia feito, o cinema Udigrudi congregava todos aqueles que se opunham ao controle militar sobre o país. Curiosamente, parte da ajuda tão necessária veio do próprio governo. Buscando controlar ao máximo esse meio de expressão que o cinema representava, mas consciente de que ele não poderia sobreviver sem apoio, o governo estabeleceu a Embrafilme para financiar a produção local.

Adotando práticas antigas do período pré-guerra, todos os filmes estrangeiros que ingressavam no Brasil eram tributados. De maneira irônica, na década de 1970, muitos cineastas que antes se identificavam com o Cinema Novo passaram a receber subsídios. Entretanto, esse período também trouxe uma crise existencial para o cinema brasileiro, uma vez que o cinema de autor perdia popularidade e cedia lugar às pornochanchadas.

EMBRAFILME

Na década de 1970, o cinema brasileiro vivenciou uma fase de extrema importância para sua história, alcançando uma ocupação do próprio mercado. Esse período teve início com a criação da Empresa Brasileira de Filmes S.A. (Embrafilme), em 1969, com uma política protecionista que criava o monitoramento da informação e do mercado cinematográfico, e que era fundamental para toda a produção e difusão do cinema nas décadas de 1970 e 1980. Em 1973, no auge dessa política, a Embrafilme passou a ser uma distribuidora de ação comercial e a incentivar a produção e a divulgação do cinema nacional fora do país.

O cineasta Roberto Farias foi diretor da Embrafilme entre 1974 e 1978, conquistando excelentes resultados de público, algo raro, com números até então nunca atingidos. O maior sucesso, *Dona Flor e seus dois maridos* (1976), dirigido por Bruno Barreto, teve mais de dez milhões de ingressos vendidos, resultado que o colocou no topo da bilheteria até o ano de 2010. A Embrafilme ajudou a produzir e distribuir mais de 200 filmes brasileiros entre 1969 e 1990.

Em 1990, Fernando Collor de Mello assumiu a Presidência da República, prometendo uma série de mudanças governamentais, entre as quais o Programa Nacional de Desestatização, que estabeleceu a extinção da Embrafilme, em um ato que teve reflexos longos na indústria cinematográfica do país, que não produziu praticamente nada durante quase três anos. Os arquivos da empresa infelizmente foram transferidos para algumas empresas privadas, sem um cuidado histórico de preservação.

A DÉCADA DE 1970 E A PORNOCHANCHADA

A experiência cultural do Cinema Novo continuou gerando frutos na década de 1970, quando, mais maduro, o cinema brasileiro estreou obras significativas, como *Dona Flor e seus dois maridos* (1976), de Bruno Barreto; *Toda nudez será castigada* (1973), dirigido por Arnaldo Jabor; e *A dama do lotação* (1978), dirigido por Neville d'Almeida.

Simultaneamente, a Boca do Lixo paulistana produzia pornochanchadas com títulos chamativos e eróticos e, com poucos recursos, aproximava-se do público com comédias eróticas suaves e pouco sujeitas à censura por serem completamente desprovidas de comentários políticos potencialmente subversivos.

A situação se tornou crítica para o cinema brasileiro, que lutava para encontrar um público, uma vez que a população, atingida pela crise econômica, preferia acompanhar novelas na televisão. Os cinemas exibiam cada vez menos filmes brasileiros e os diretores recorriam a curtas-metragens, pelos quais ganhavam algum reconhecimento.

O cinema erótico popular se definia principalmente contra o cinema politizado e intelectual do Cinema Novo. Esses filmes tinham a fama de serem oriundos da Boca do Lixo, bairro de má reputação do centro de São Paulo, onde se localizava a maioria das produtoras de cinema marginal e comercial na década de 1970, que produziam muito filmes por ano, nos mais diversos gêneros, como eróticos, policiais, comédias, dramas e até experimentais.

A pornochanchada se tornou, então, a indústria responsável pelos filmes mais populares da história do cinema brasileiro. O termo "pornochanchada" deriva da união de dois gêneros: o cinema erótico, popularmente chamado de pornô, e as comédias musicais, as chanchadas. As pornochanchadas fizeram grande sucesso na bilheteria, encontrando um nicho de mercado. Destacavam-se os filmes *A ilha do desejo* (1975), dirigido por Jean Garret; *A noite das fêmeas* (1976), dirigido por Fauzi Mansur; *Reformatório das depravadas* (1978), dirigido por Ody Fraga; e *Mulher objeto* (1981), dirigido pelo novelista Silvio de Abreu.

Um dos destaques do movimento foi o cineasta David Cardoso, conhecido como o rei das pornochanchadas. Cardoso iniciou sua carreira trabalhando na produção da Pam Filmes, produtora de Mazzaropi. Seu primeiro filme como protagonista foi em *Corpo ardente* (1966), de Walter Hugo Khouri. Em *Dezenove mulheres e um homem* (1977), estreou como diretor. David Cardoso atuou em mais de quarenta filmes, além de novelas e peças de teatro. Ficou conhecido por atuar, dirigir, produzir ou roteirizar clássicos da pornochanchada brasileira, como *Amadas e violentadas* (1975), *A noite das taras* (1980), *Caçadas eróticas* (1984) e *O dia do gato* (1987). Outros cineastas com estilo de grande originalidade conseguiram criar obras de cunho pessoal no contexto comercial do cinema popular, como *Lilian M: confissões amorosas* (1975), dirigido por Carlos Reichenbach, e *Doramundo* (1978), de João Batista de Andrade.

A era de ouro da pornochanchada, com cenas de nudez e diálogos chulos, marcou a produção cinematográfica da década de 1970 e atraía milhares de espectadores aos cinemas. A pornochanchada conseguiu marcar no público em geral a ideia de que o cinema brasileiro era um amontoado de imagens, com palavrões e cenas de nudez. Seus filmes tinham boa bilheteria, atraindo sobretudo o público masculino. Artistas como Sonia Braga, Vera Fischer e Antônio Fagundes atuaram em alguns filmes da pornochanchada.

Sob o amparo do regime militar, a Embrafilme tornou obrigatória a cota de filmes nativos nas salas de exibição, assim muitos cinemas pequenos abriram suas portas e uma leva de produtoras independentes, baseadas principalmente em São Paulo, começou a recrutar atores, profissionais e amadores, para protagonizarem filmes sem roteiros definidos, repletos de personagens caricatos como criminosos e tórridos amantes, que incrementavam com erotismo a tradicional chanchada.

Filmes como *A dama do lotação* (1978), uma adaptação baseada na obra do dramaturgo Nelson Rodrigues e dirigido por Neville d'Almeida, *Histórias que nossas babás não contavam* (1979), dirigido por Oswaldo de Oliveira, e *Os imorais* (1979), dirigido por Geraldo Vietri, investiam fortemente nas cenas de nudez e nos diálogos chulos.

Durante a década de 1980, a cota para filmes nacionais deixou de ser obrigatória, assim dezenas de profissionais viram suas produtoras falirem e demitirem seus funcionários aos montes. Até a retomada do cinema brasileiro na década de 1990, a pornochanchada alimentou as fantasias de adolescentes tardios com suas piadas de baixo calão e divas voluptuosas. Apesar de ótimas produções no período, a pornochanchada virou um sinônimo de baixa qualidade do cinema brasileiro, o que repercutiu durante muito tempo.

DICA

Assista ao documentário *Histórias que nosso cinema (não) contava*, da cineasta Fernanda Pessoa, que resgata a pornochanchada brasileira ao relembrar e analisar um período histórico brasileiro por meio da sua produção cinematográfica, provocando uma reflexão não somente a respeito dele, mas também sobre o próprio cinema enquanto construtor da história e da memória coletiva.

A DÉCADA DE 1980

O Brasil chegou ao auge do cinema comercial na década de 1980, produzindo até cem filmes por ano. Logo no início, em 1981, morreu Glauber Rocha. Era um triste presságio para o cinema brasileiro naqueles anos de final da ditadura militar e abertura política. Como em todos os setores, o cinema sofreu com a derrocada dos planos econômicos e com a redução das salas de cinema que exibiam filmes brasileiros. A Embrafilme, afetada pela crise econômica pela qual passava o país, diminuiu o auxílio aos produtores. Para piorar, a distribuição dos filmes sofreu com a briga iniciada pelos proprietários das salas de cinema que, auxiliados pelos distribuidores estrangeiros, sobretudo americanos, eram contra a obrigatoriedade de exibir filmes brasileiros.

Os produtores foram diretamente afetados e, com isso, diminuiu a produção de novos filmes. Para piorar, o grande público aderiu a uma nova mania surgida nos Estados Unidos, o videocassete, e deixou de frequentar as salas de cinema, preferindo a opção mais barata de assistir aos filmes em casa.

A produção de curtas-metragens conseguiu garantir sua exibição, amparada pela Lei do Curta, que obrigava a projeção de curtas antes de exibir filmes internacionais. Mesmo com problemas em sua estrutura, a indústria cinematográfica brasileira conseguiu produzir filmes de qualidade, também conquistando prêmios internacionais.

Pixote, a lei do mais fraco (1980) foi uma das grandes surpresas, apesar do tema pesado: os delinquentes juvenis, conhecidos na época como trombadinhas. O filme retrata um dos mais duros cenários da pobreza e da violência nos tempos da ditadura, com crianças vivendo nas ruas do centro de São Paulo em contato com prostitutas e traficantes, além de sofrerem torturas dentro da antiga Febem (Fundação Estadual do Bem-Estar do Menor, hoje Fundação CASA). O personagem Pixote foi interpretado pelo garoto Fernando Ramos da Silva, que, anos depois, foi morto em um confronto com a polícia. O filme foi um grande sucesso no Brasil e no exterior.

Eles não usam black-tie (1981), dirigido por Leon Hirszman, é um filme politizado e retrata a luta sindical no país, que estava criando novos líderes políticos, entre eles, o metalúrgico, sindicalista e futuro presidente Luís Inácio Lula da Silva. A história apresenta o conflito entre pai e filho, representados por Gianfrancesco Guarnieri e Carlos Alberto Riccelli. O pai é um líder sindical que organiza uma greve, mas não recebe o apoio do filho, que não quer perder seu emprego. A história do filme retrata o cenário da sociedade brasileira naquele tempo e se baseia na peça homônima de Gianfrancesco Guarnieri.

João Batista de Andrade dirigiu *O homem que virou suco* (1981), um filme de crítica social e política, com destaque para a performance de José Dumont no papel de Deraldo, um poeta popular recém-chegado do Nordeste a São Paulo e que se sustenta por meio de suas poesias e folhetos. Quando é erroneamente associado ao operário de uma multinacional responsável pela morte do empregador, o filme explora a resistência do poeta diante de uma sociedade opressora que, dia após dia, esmaga o indivíduo e elimina suas raízes.

Em 1984, o documentarista Eduardo Coutinho lançou *Cabra marcado para morrer* (1984), apresentando a vida de João Pedro Teixeira, um líder camponês da Paraíba, assassinado em 1962. Após o golpe militar, as filmagens foram impedidas de acontecer e puderam ser retomadas somente quase vinte anos depois, com novos depoimentos.

Pra frente, Brasil (1982), de Roberto Farias, foi o primeiro a expor a tortura no regime militar, o que ocasionou problemas na liberação do filme com a censura. A história do filme se passa em 1970 e, enquanto o país todo torcia e vibrava com a seleção canarinho de Pelé e Jairzinho na Copa do México, prisioneiros políticos inocentes eram torturados nos porões da ditadura militar.

A hora da estrela (1985), dirigido por Suzana Amaral, é uma adaptação do romance homônimo de Clarice Lispector e conta a história de Macabéa, interpretada por Marcélia Cartaxo, migrante nordestina, sozinha, que busca uma vida melhor em São Paulo. O filme apresenta um triste retrato das desigualdades do país.

Os Trapalhões, um grupo cômico de grande audiência na televisão brasileira, tiveram forte êxito no cinema na década de 1980, com sucesso nas grandes bilheterias e um público fiel. Liderados pelo comediante Renato Aragão, que atuava como produtor dos filmes, o quarteto protagonizou dezenas de filmes, com destaques para: *Os saltimbancos Trapalhões* (1981), dirigido por J. B. Tanko e com música de Chico Buarque, considerado o melhor filme do grupo; *Os Trapalhões na Serra Pelada* (1982), dirigido por J. B. Tanko; *O cangaceiro trapalhão* (1983), dirigido por Daniel Filho; e o *Os Trapalhões no Auto da Compadecida* (1987), dirigido por Roberto Farias.

Toda essa produção de qualidade da década de 1980, financiada pela Embrafilme, dependia das receitas da pornochanchada que, devido à crise econômica do país, começava a perder o interesse do público e a produzir conteúdo mais erótico e menos cômico do que no início. Em 1990, com o fim da Embrafilme, a produção de longas-metragens foi reduzida a zero e teve início um novo capítulo no cinema brasileiro.

RETOMADA DO CINEMA BRASILEIRO

Nas décadas de 1970 e 1980, a empresa pública Embrafilme era ao mesmo tempo uma poderosa distribuidora no mercado nacional e coprodutora dos principais filmes, e agência de promoção cultural. A empresa foi dissolvida pelo presidente Fernando Collor de Mello em 1990, paralisando a produção cinematográfica, o que causou uma das mais graves crises do cinema brasileiro.

Posteriormente, o Conselho Nacional de Cinema (Concine), a Fundação do Cinema Brasileiro e o Ministério da Cultura (reduzido a uma secretaria) foram fechados e, por fim, foram suspensas as leis que visavam incentivar a produção cinematográfica e a regulação do mercado. Até mesmo as instituições responsáveis pela produção de estatísticas sobre o cinema no Brasil foram dissolvidas e pouquíssimos filmes eram produzidos.

Para tentar reverter esse quadro, surgiram algumas movimentações, como a Prefeitura do Rio de Janeiro, que criou a produtora e distribuidora RioFilme em 1992, apoiando a reinvindicação de diversos cineastas. No âmbito federal, após o impeachment de Fernando Collor e a posse de Itamar Franco, estabeleceu-se uma primeira tentativa de recuperação da produção cinematográfica: criou-se a Lei Rouanet, em 1991, e mais tarde, em 1993, a Lei do Audiovisual, com foco na produção audiovisual em um modelo de renúncia fiscal, permitindo que empresas que investissem na produção de filmes pudessem ter o valor investido abatido do imposto de renda.

A Lei do Audiovisual se tornou um ponto principal, mas o cinema brasileiro teve apoio também de outras leis de incentivo federais, estaduais e municipais para se recuperar. Em 1995, onze produções nacionais foram exibidas nos cinemas, sendo a principal delas *Carlota Joaquina, princesa do Brasil* (1995), dirigido por Carla Camurati, que alcançou grande sucesso de público e atraiu mais de um milhão de espectadores. Ali começou uma nova fase da produção nacional, que ficou conhecida como Retomada.

Carlota Joaquina, princesa do Brasil apresenta uma visão satírica da corte real portuguesa na época das ameaças de invasão de Napoleão em . Sob influência dos ingleses, a corte foi forçada a fugir da Europa e transferiu temporariamente o seu reino para o Brasil. O filme reuniu atributos tanto populares quanto criativos, atores renomados de televisão e rigorosa pesquisa histórica, com detalhes constrangedores e pouco conhecidos sobre a família real, associados a uma produção precisa e inventiva baseada em um orçamento muito modesto.

Na mesma época, foi lançado *Terra estrangeira* (1995), dirigido por Walter Salles e Daniela Thomas. Esse filme foi também um emblema do renascimento do cinema brasileiro, com um estilo documental que apresenta um dos períodos econômicos mais sombrios história do país, ocorrido justamente durante o mandato do presidente Collor, que acabou por saquear as economias dos cidadãos brasileiros.

A partir da metade da década de 1990, ganhou corpo um processo de reconquista do mercado interno e de recuperação do reconhecimento internacional do cinema brasileiro. Em velocidade significativa, multiplicaram-se os títulos lançados, a frequência do público e os prêmios em festivais no exterior.

No período de apenas quatro anos, o Brasil conquistou três indicações ao Oscar de melhor filme estrangeiro com *O quatrilho* (1995), dirigido por Fabio Barreto, que concorreu em 1996; *O que é isso, companheiro?* (1997), dirigido por Bruno Barreto, que concorreu em 1997; e *Central do Brasil* (1998), dirigido por Walter Salles, que concorreu em 1999. *Central do Brasil* ganhou ainda o Urso de Ouro do Festival de Berlim em 1998 e teve a atriz Fernanda Montenegro indicada ao Oscar de melhor atriz. Esse filme mostra que é fundamental encontrar esse Brasil perdido, esquecido, uma clara nostalgia do Cinema Novo, como se a produção nacional estivesse refém há mais de trinta anos, desde a chegada dos militares ao poder, em 1964.

A Retomada também deu voz a uma nova geração de cineastas, cujos principais expoentes são Tata Amaral, que dirigiu *Um céu de estrelas* (1996), Beto Brant, diretor de *Os matadores* (1997), *Ação entre amigos* (1998) e *O invasor* (2001), Andrucha Waddington, diretor de *Eu, tu, eles* (2000), Fernando Meirelles, dirigiu *Domésticas* (2001) e *Cidade de Deus* (2002), e Laís Bodanzky, diretora de *Bicho de sete cabeças* (2000).

ANCINE

Em julho de 2000, logo após a conclusão do III Congresso Brasileiro de Cinema (CBC) em Porto Alegre, a comunidade cinematográfica apresentou ao governo a sugestão de instituir uma Agência Nacional de Cinema (Ancine), modelada conforme a prática governamental de criar agências para setores estratégicos, como petróleo e energia. Amplamente discutida durante o congresso, a proposta de estabelecer essa entidade diretamente vinculada à presidência recebeu aprovação governamental e rapidamente começou a ser implementada. A Ancine emergiu como o núcleo da reformulação da política cultural direcionada ao cinema, fortalecendo os mecanismos de apoio à produção e atentando para áreas negligenciadas, como distribuição e exibição.

Pouco mais de um ano depois, em 6 de setembro de 2001, o governo apresentou ao Congresso Nacional a Medida Provisória nº 2.228-1, delineando as bases da Ancine. O cineasta Gustavo Dahl, presidente do III CBC e principal impulsionador da agência, foi designado como o primeiro diretor-presidente. Além de atualizar e regulamentar a antiga Contribuição para o Desenvolvimento da Indústria Cinematográfica Nacional (Condecine), a Ancine introduziu um programa de apoio a produções independentes e passou a supervisionar o cumprimento da cota de tela para o cinema nacional.

Contudo, as novas taxas da Condecine geraram uma intensa resistência das distribuidoras estrangeiras operando no Brasil, levando a ações judiciais para evitar o pagamento do imposto. O debate sobre a participação das emissoras de televisão aberta e fechada na coprodução de longas-metragens também provocou polêmica.

Em processo de estruturação, a Ancine estava destinada a centralizar a política cinematográfica no Brasil e reformular um mercado ainda afetado pelas consequências do desmantelamento. Seu desafio primordial era reorganizar a informação, estabelecer novas bases econômicas e fomentar parcerias inovadoras, permitindo um planejamento mais eficiente da produção e, por conseguinte, impulsionando o crescimento do cinema nacional como um todo.

AS DÉCADAS DE 2000 E 2010

Em 2000, a produção brasileira conseguiu alcançar números significativos de público e renda, com mais de 7 milhões de ingressos vendidos. Em 2001, foi criada a Ancine, que apresentou novas diretrizes para a organização do mercado audiovisual no Brasil, representando o início de uma nova etapa para o cinema brasileiro.

Desde o sucesso mundial de *Cidade de Deus* (2002), dirigido por Fernando Meirelles, o cinema brasileiro parece ter atingido a maturidade no mercado nacional. Entretanto, o mercado era monopolizado pela Globo Filmes e outros serviços ligados à principal emissora de televisão do país. Entre os vinte filmes de maior bilheteria e com maior público, cerca de quinze foram produzidos ou comercializados pela Globo Filmes. *Tropa de elite 2: o inimigo agora é outro* (2010), de José Padilha, coproduzido pela Globo Filmes, bateu todos os recordes de bilheteria. *Eu, tu eles* (2000), de Andrucha Waddington, oferece uma imagem extremamente bem trabalhada do sertão, com estrelas de televisão cujo carisma natural se soma ao aspecto cômico do filme. A história do longa certamente não é construída segundo os critérios do cinema convencional, em que o enredo se torna um dos mais importantes motores do roteiro. O filme não cria expectativas, e o espectador simplesmente acompanha o desenrolar da história. O sertão é aqui retratado de forma única, uma vez que não está localizado numa região pobre e devastada pela seca, onde as condições de vida inevitavelmente levantariam questões sociológicas e culturais que remeteriam ao Cinema Novo. O sertão agora serve mais como uma experiência estética.

Diversos filmes marcam essas duas décadas, como *Carandiru* (2003), de Hector Babenco, *Linha de passe* (2008), dirigido por Walter Salles e Daniela Thomas, *O ano em que meus pais saíram de férias* (2006), dirigido por Cao Hambuguer, *Tropa de elite* (2007) e *Tropa de elite 2: o inimigo agora é outro* (2010), dirigidos por José Padilha, *Som ao redor* (2012), *Aquarius* (2016), e *Bacurau* (2019), dirigidos por Kleber Mendonça Filho.

Nenhum gênero, porém, alcançou tanto público como as comédias. Filmes como *O Auto da Compadecida* (2000), dirigido por Guel Arraes, *Se eu fosse você* (2006), dirigido por Daniel Filho, as franquias *De pernas pro ar* (2010) e *Até que a sorte nos separe* (2012), dirigidos por Roberto Santucci, e *Minha mãe é uma peça* (2013), dirigido por André Pellenz, conseguiram números expressivos de público. Por mais que a produção cinematográfica tenha se diversificado, as comédias ainda lideram a preferência do público brasileiro.

Com uma dezena de filmes brasileiros apresentados em festivais internacionais, um número recorde de longas distribuídos e produções locais no topo das bilheterias, o cinema brasileiro vive uma fase de recuperação após uma derrocada durante o governo de Jair Bolsonaro (2019-2022), que reduziu os incentivos para as produções audiovisuais, e aos poucos vem retomando a força de produção. No entanto, o público dos filmes brasileiros ainda representa menos de 20% do total de ingressos vendidos. Os blockbusters estrangeiros continuam ocupando a maior parte das salas.

ARREMATANDO AS IDEIAS

No dia 8 de julho de 1896, o Brasil testemunhou sua primeira sessão de cinema. Realizada na rua do Ouvidor, no Rio de Janeiro, a sessão exibiu breves filmes retratando cenas de cidades europeias. Os primeiros registros cinematográficos no país foram capturados por Vittorio Di Maio e Affonso Segreto. Este, encarregado de adquirir filmes para exibição em um cinema carioca, trouxe consigo uma câmera, de uma de suas viagens ao exterior. Ao chegar, registrou *Vista da Baía de Guanabara*, em 19 de junho de 1898. Essa filmagem marcou a origem do Dia do Cinema Brasileiro, celebrado em 19 de junho, embora nenhuma cópia desse filme tenha sido preservada, levantando dúvidas sobre sua existência.

Inicialmente, os filmes brasileiros eram documentários breves, capturando aspectos do cotidiano. Com o avanço do século XX, o cinema ganhou popularidade, resultando na construção de diversas salas de cinema no Rio de Janeiro e em São Paulo, além do crescimento da produção cinematográfica. Embora as primeiras produções fossem de baixo orçamento e de qualidade técnica modesta, surgiram filmes de ficção, predominantemente comédias, mas também dramas. Alguns alcançaram mais de oitocentas exibições, um feito notável para a época.

A partir da década de 1910, o cinema nacional enfrentou a concorrência dos filmes estrangeiros, especialmente de Hollywood, intensificada após a Primeira Guerra Mundial, durante o boom econômico dos Estados Unidos. Na década de 1930, apesar da influência estrangeira, o cinema brasileiro viu um ressurgimento com o nascimento da Cinédia, produtora de filmes que originou as chanchadas, um gênero que se popularizou nas décadas seguintes, especialmente na era de ouro das décadas de 1940 e 1950. As chanchadas exploravam temas da cultura popular, especialmente o Carnaval, combinando elementos dramáticos e humorísticos com números musicais, destacando figuras como Carmen Miranda.

No final da década de 1950, surgiu o Cinema Novo, uma corrente cinematográfica politizada que criticava o status quo e a desigualdade social no Brasil, marcando a chamada "estética da fome". No entanto, durante a ditadura militar, o Cinema Novo enfrentou censura, impulsionando as pornochanchadas como principal gênero nacional. Outra corrente, o Cinema Marginal (ou Udigrudi) também surgiu nesse período, denunciando as injustiças sociais. Contudo, muitas de suas obras foram barradas pela censura.

A década de 1980 trouxe desafios econômicos para o cinema brasileiro, com a redução das salas de exibição e a luta contra a obrigatoriedade da exibição de filmes nacionais. No entanto, produções como *Pra frente Brasil* (1982) e *Pixote, a lei do mais fraco* (1980) mantiveram a resistência artística durante a ditadura, que terminou em 1985. A partir da década de 1990, o cinema brasileiro experimentou uma renovação, com filmes como *Carlota Joaquina, princesa do Brasil* (1995), de Carla Camurati, que satirizava o Brasil dos séculos XVIII e XIX, marcando um período de reconstrução para a indústria cinematográfica nacional, a chamada Retomada.

CAPÍTULO 5
Panorama do rádio

O rádio foi o principal meio de comunicação de massa do Brasil entre as décadas de 1930 (quando ainda não havia televisão) e 1960. A chegada do rádio no Brasil mudou nossa forma de se comunicar com a grande massa. Em uma época em que a maioria da população era analfabeta e as notícias vinham em jornais impressos, o rádio mudou o panorama cultural e artístico. O país se tornou mais integrado, com milhões de pessoas tendo acesso às notícias e aos grandes cantores e cantoras da Rádio Nacional do Rio de Janeiro.

Radionovelas, programas humorísticos, programas de auditório e transmissões de jogos de futebol se tornaram o grande sucesso da época. O rádio passou a exercer uma influência cultural significativa, promovendo tendências, fomentando discussões, divulgando informações e encurtando as distâncias entre indivíduos e nações. Além disso, revelou-se um instrumento poderoso para a propaganda política.

Ao longo dos anos, o panorama foi se alterando. Surgiram as rádios FM, que passaram a competir com as rádios AM, mudaram os programas, as formas de locução, a concorrência com outros meios. Nas últimas décadas, começou a migração das emissoras AM para FM e surgiram os podcasts, que trouxeram mais uma transformação para o rádio.

O INÍCIO DO RÁDIO NO MUNDO

A transmissão de informações por radiodifusão, tal como é conhecida hoje, é consequência de uma sucessão de avanços tecnológicos e diversos aparelhos. O ponto de partida para a radiodifusão aconteceu em 1837, quando Samuel Morse inventou o telégrafo, um aparelho que utilizava a corrente elétrica para enviar códigos correspondentes às letras do alfabeto, um sistema de comunicação simples e prático que ficou conhecido como código Morse.

Antes da primeira transmissão radiofônica, foram necessárias inúmeras etapas, começando com a descoberta das ondas de rádio, em 1886, pelo engenheiro alemão Heinrich Rudolf Hertz, que, por meio de um experimento, demonstrou a existência de ondas eletromagnéticas não visíveis, capazes de viajar à velocidade da luz. Essa descoberta está na origem do trabalho que se seguiu ao nascimento da radiodifusão e das telecomunicações. Em sua homenagem, as ondas de rádio são hoje chamadas de hertz ou hertzianas. Três anos depois, em 1889, na cidade de Nova York, o engenheiro sérvio Nikola Tesla desenvolveu um gerador de alta frequência de 15 kHz. Pouco depois, ele inventou a bobina de Tesla para amplificar transmissores e lâmpadas eletrônicas frias, com as quais fez experiências com a primeira comunicação de rádio em 1893. Em 1890, do outro lado do Atlântico, o francês Édouard Branly inventou o condutor de rádio, que permitia a recepção de ondas de rádio, que o inglês Oliver Lodge trabalhou e aperfeiçoou. O engenheiro e inventor russo Alexander Popov, de São Petersburgo, desenvolveu as antenas verticais em 1895, que melhoraram consideravelmente a emissão de ondas. Por fim, o engenheiro italiano Guglielmo Marconi utilizou e aperfeiçoou as invenções anteriores, realizando, em 1899, a primeira transmissão de rádio de uma mensagem em código Morse à longa distância, entre a França e a Inglaterra.

A transmissão da primeira voz por radiodifusão ocorreu em 25 de dezembro de 1906, quando Reginald Aubrey Fessenden tocou o seu violino e leu alguns versículos da Bíblia para pessoas que o escutavam à distância. No ano seguinte, o americano Lee De Forest inventou uma válvula de três elementos que permitia amplificar sinais, melhorando a qualidade da transmissão e recepção das ondas.

Após o término da Primeira Guerra Mundial, a empresa americana Westinghouse se viu com um considerável excedente de rádios produzidos para o conflito mundial. Para dar utilidade a esses aparelhos, uma imponente antena foi erguida no pátio da companhia, inaugurando assim a era da radiodifusão. Foi pela venda desses aparelhos de rádio que a transmissão de música ganhou impulso, marcando o nascimento da radiodifusão comercial.

No dia 6 de novembro de 1920, nos Estados Unidos, foi inaugurada a primeira emissora de rádio do mundo. A KDKA, sediada na cidade de Pittsburgh, estado da Pensilvânia, estreou divulgando os resultados das eleições presidenciais americanas, disputadas entre os canditados Warrem Harding, republicano, e James Middleton Cox, democrata, com vitória de Harding.

Os receptores de rádio para o público geral se tornaram populares no mundo todo nas décadas de 1920 e 1930. Feitos de madeira, esses aparelhos permitiam que famílias de todas as camadas sociais recebessem as ondas e pudessem acompanhar diariamente concertos, noticiários e seriados de rádio.

O rádio foi utilizado como fonte de informação e de propaganda por políticos e aspirantes a ditadores para convencer multidões, o que culminou na Segunda Guerra Mundial. Após a guerra, em 1947, os pesquisadores americanos John Bardeen, William Shockley e Walter Brattain inventaram o transistor, que substituiu o tubo eletrônico e não apenas revolucionou a eletrônica, mas também facilitou a comercialização dos aparelhos de rádio.

A década de 1950 foi a era de ouro do rádio, com o público consumindo os novos aparelhos do mercado, incluindo receptores e transmissores. Até a década de 1960, as transmissões em AM (amplitude modulada) dominavam o mercado. As primeiras transmissões em FM (frequência modulada) foram experimentadas ainda na década de 1930, mas pouco a pouco as rádios FM foram ganhando popularidade, principalmente entre o público jovem e, nas décadas seguintes, se tornaram dominantes no mercado, causando mudanças até no estilo de locução. No final do século XX, as rádios AM e FM ganharam a concorrência das web rádios e das transmissões on-line.

AM E FM

É importante entender as diferenças entre as modalidades de transmissão do rádio. Tanto a AM quanto a FM são transmitidas por ondas sonoras enviadas de uma torre. Os aparelhos de rádio, ao sintonizarem determinada frequência (89,1, 89,7, 100,1 ou 100,9, por exemplo), conseguem receber as mensagens enviadas. A qualidade do sinal recebido está diretamente ligada ao alcance desse sinal e à amplitude e frequência das ondas.

As principais modalidades para transmitir uma onda sonora de rádio são as já mencionadas AM e FM. As rádios AM, ou seja, com transmissão de amplitude modulada, têm melhor propagação das ondas, transmitindo pulsos mais modulados e amplos, com maior alcance e maior irregularidade da frequência. Essas modulações de amplitude apresentam alguns problemas, como a interferência direta de outras ondas eletromagnéticas, de aparelhos como celular, computador e até a lâmpada fluorescente, prejudicando sua recepção.

Como verificamos, as rádios FM foram se tornando mais populares no mundo, inclusive no Brasil. Apesar de ter um alcance menor do que as rádios AM, as rádios FM resistem melhor às interferências, proporcionando melhor qualidade sonora de recepção. No entanto, alcança apenas distâncias aproximadas de 100 km, enquanto as rádios AM chegam a alcançar milhares de quilômetros. As duas faixas não interferem uma na outra, pois operam em frequências diferentes. A faixa AM opera entre 500 e 1.600 quilohertz, enquanto a FM opera entre 88 e 108 megahertz.

Os rádios estão sendo fabricados cada vez mais apenas para FM, e os novos dispositivos, como smartphones e tablets, só têm FM instalados, nunca AM, o que reduz ainda mais o alcance do público. Mais recentemente, as montadoras de carros elétricos Ford e Tesla decidiram remover as antenas de rádio que captavam sinal AM, alegando que a frequência sofre grande interferência dos novos motores.

A HISTÓRIA DO RÁDIO NO BRASIL

As primeiras experiências com o rádio no Brasil aconteceram no dia 7 de setembro de 1922, durante a exposição do centenário da Independência no Rio de Janeiro, então capital federal, em uma festa grandiosa, que se espalhou pelo centro da cidade e teve a participação de mais de vinte chefes de Estado.

Nessa comemoração, um grupo de empresários americanos montou uma pequena emissora com aparelhagem trazida dos Estados Unidos, onde os presentes ouviram o discurso do presidente Epitácio Pessoa utilizando de alto-falantes, transmitido por meio de um aparelho instalado no alto do Corcovado pela Westinghouse Electric. Em Niterói, Petrópolis e São Paulo, a população também ouviu o mesmo discurso em aparelhos espalhados pelas cidades (Tavares, 1997). Na mesma exposição, foi apresentada a ópera *O guarani*, de Carlos Gomes, que estava sendo regida e tocada direto do Teatro Municipal do Rio de Janeiro. Um fato inédito e histórico, que encantou a todos os presentes.

A primeira emissora de rádio brasileira foi a Rádio Sociedade do Rio de Janeiro, criada em 1923, com objetivos exclusivamente científicos, culturais e acadêmicos, sem uma preocupação comercial. Seus criadores foram o professor e antropólogo Edgard Roquette-Pinto e o engenheiro francês naturalizado brasileiro Henrique Charles Morize, membros da Academia Brasileira de Ciências. Ainda em 1923, o presidente Arthur Bernardes autorizou oficialmente o início das irradiações no Brasil, desde que para fins educativos. Roquette-Pinto era um grande idealista, e mais tarde também criaria o primeiro rádio jornal, o *Jornal da manhã*, onde lia jornais e comentava notícias.

O início do rádio no Brasil se deu com muita precariedade e improvisação, sem ter uma legislação específica ou regulamentação para veicular publicidade, com poucas horas de programação diária. As primeiras emissoras funcionavam por meio de doações dos associados e com o empréstimo de equipamentos e de discos para tocarem nos programas.

A segunda emissora de rádio brasileira foi a Rádio Clube do Brasil, criada em 1924, que trazia a discussão sobre a comercialização de anúncios nas emissoras para a sua manutenção. Havia um acordo entre as duas emissoras sobre o revezamento nas transmissões, e não havia programação aos domingos.

Ainda em 1923, foi criada a Rádio Educadora Paulista, a primeira no estado de São Paulo, operando perto da avenida Paulista. A Sociedade Rádio Record chegou anos mais tarde, em 1928, mas paralisou suas operações rapidamente. A Record retornaria em 1931, comprada pelo empresário e advogado Paulo Machado de Carvalho, e se tornaria uma das mais importantes emissoras do país, abrindo espaço, décadas mais tarde, para a criação da TV Record.

O presidente Getúlio Vargas, que chegou ao poder com a Revolução de 1930, ajudou no desenvolvimento do rádio no Brasil. Logo no ano seguinte, ele assinou um decreto autorizando as emissoras a veicularem publicidades pagas, desde que transmitissem o Programa Nacional em cadeia, em todas as estações. O governo de Getúlio acreditava que o rádio ajudaria na integração nacional.

Em 1932, a população paulista exigia nas ruas a convocação de uma Assembleia Nacional Constituinte pelo presidente Getúlio Vargas. Alguns estudantes da Faculdade de Direito do Largo São Francisco invadiram os estúdios da Rádio Record e exigiram a leitura – feita pelo locutor Nicolau Tuma – de um abaixo-assinado que pedia mudanças políticas no país. Enquanto o locutor fazia a leitura, era tocada a marcha de Paris Belfort, que se tornou o hino da Revolução Constitucionalista. A Rádio Record se tornou a grande voz da revolução, e o locutor César Ladeira, o seu principal símbolo. Por outro lado, o governo getulista obrigou as rádios cariocas a divulgarem as informações da Imprensa Nacional em um horário que seria chamado *A hora do Brasil,* que, anos mais tarde, mudaria para *A voz do Brasil*, transmitido até hoje em todo território nacional.

Com o fim da Revolução Constitucionalista em outubro de 1932, o locutor César Ladeira deixou a cidade e a Rádio Record, transferindo-se para o Rio de Janeiro, onde foi trabalhar na Rádio Mayrink Veiga. Ladeira mudou os rumos do rádio brasileiro, implantando profissionalismo, programações mais organizadas e salários para os funcionários, incluindo a contratação de alguns artistas. Foi assim que contratou Carmem Miranda, a cantora mais famosa do Brasil, anos mais tarde contratada pelos estúdios da Fox e fazendo grande sucesso em Hollywood. Carmem Miranda, ao lado de sua irmã Aurora Miranda, gravaria a música "Cantoras do rádio", uma das marcas dessa época, composta por Lamartine Babo e João de Barros:

Nós somos as cantoras do rádio,

Levamos a vida a cantar.

De noite embalamos teu sono,

De manhã nós vamos te acordar.

Nós somos as cantoras do rádio.

Nossas canções,

Cruzando o espaço azul,

Vão reunindo num grande abraço,

Corações de Norte a Sul (Abril..., 1985, p. 89)

Com o passar do tempo, os programas se tornaram mais populares, com a introdução de concursos e maior participação dos ouvintes, ao vivo ou por meio de cartas. Os programas em estúdios, com a participação do público, foram introduzidos na década de 1930, na medida em que, com a popularização do rádio e dos cantores e cantoras, seus fãs também queriam estar perto deles. Com isso, os programas de auditório se tornaram um grande sucesso, a ponto de haver filas imensas para pegar um lugar para ver os programas ao vivo, o que fez com que algumas emissoras cobrassem ingresso com o intuito de limitar o público.

O rádio se tornou um sucesso popular e social no Brasil, influenciando comportamentos, tendências e criando modas. Os cantores e cantoras se tornaram verdadeiras estrelas e, nessa época, as emissoras lançaram nomes que entrariam para a história do rádio, como Francisco Alves (conhecido como "o rei da voz"), Noel Rosa, Silvio Caldas, Gastão Formenti, Orlando Silva ("o cantor das multidões") e, também, do cinema e da televisão, como Carmem Miranda, Vicente Celestino, Aurora Miranda, Aracy de Almeida, Almirante, Dircinha e Linda Batista, entre muitos outros.

Roquete-Pinto, apesar de ser um dos pioneiros do rádio brasileiro, tinha seus ideais e não concordava com os caminhos que o rádio estava tomando ao se distanciar do conhecimento científico e mais ligado à publicidade. A essas questões junta-se o fato de que ele não estava conseguindo manter sua emissora e se adequar à nova legislação, que exigia a reformulação dos novos equipamentos de transmissão. Assim, em 1936, Roquette-Pinto doou sua rádio ao governo brasileiro com uma exigência: que fosse mantida exclusivamente para fins educativos e acadêmicos. A partir de então, foi criada a Rádio MEC (Ministério da Educação e Cultura).

Ao longo dos anos, foram criadas diversas rádios pelo Brasil, como: América, Bandeirantes, Cruzeiro do Sul, Cultura, Difusora, Eldorado e Tupi, sediadas em São Paulo (SP); Cajuti, Globo, Guanabara, Ipanema, Jornal do Brasil, Tamoio e Tupi, sediadas no Rio de Janeiro (RJ); Guarani e Inconfidência, sediadas em Belo Horizonte (MG); Farroupilha, Gaúcha e Guaíba, sediadas em Porto Alegre (RS); Excelsior e Sociedade da Bahia, sediadas em Salvador (BA); Clube de Pernambuco, Jornal do Commércio e Tamandaré, sediadas em Recife (PE).

A primeira novela veiculada no rádio foi *Em busca da felicidade* (1941), transmitida pela Rádio Nacional. Com isso, abriu-se espaço para várias outras novelas, com destaque especial para *Direito de nascer* (1951), que tinha o ator Paulo Gracindo no papel principal, Talita de Miranda, Dulce Martins e Iara Sales, e que no ano de 1964 foi levada para a televisão pela TV Tupi. Emissoras como a Rádio Nacional, Rádio Panamericana (atual Jovem Pan), e Rádio São Paulo eram as grandes especialistas do gênero, com textos de autores como Ceci Medina, Oduvaldo Vianna, Giuseppe

Ghiarone, Waldemar Ciglione e Dias Gomes e Walter Foster, sendo os dois últimos também autores de novelas televisivas.

O esporte também ganhou espaço no rádio, e a grande paixão do brasileiro por futebol foi logo incorporada às transmissões. Um dos pioneiros foi Gagliano Neto. O *speaker* (como eram conhecidos os locutores da época) começou sua carreira em São Paulo, mas transferiu-se para o Rio de Janeiro e, pela Rádio Mayrink Veiga, transmitiu um jogo da seleção brasileira, em 1937, pelo Torneio Sul Americano, que acontecia na Argentina.

Gagliano Neto foi o primeiro a transmitir jogos da Copa do Mundo, em 1938, quando o mundial foi realizado na França. Suas transmissões na Rádio Clube do Brasil foram ouvidas pela população brasileira nos rádios e por alto-falantes que foram instalados em praças, parques e grandes avenidas, emocionando os ouvintes.

O mais famoso locutor esportivo do início do rádio brasileiro foi Ary Barroso, que, além de radialista, era compositor, pianista e humorista. Barroso começou sua carreira como locutor na Rádio Philips em 1932 e, mais tarde, atuou em outras emissoras, como Mayrink Veiga, Cruzeiro do Sul e Tupi. Como locutor esportivo, criou um estilo único, utilizando uma gaita, que tocava de forma demorada e muito empolgada a cada gol, dado que, naquela época, os locutores tinham seus gritos abafados pelos torcedores. Flamenguista fanático, não tinha o menor problema em demostrar sua paixão pelo time rubro-negro quando fazia a narração dos jogos com comentários, e, quando o adversário marcava um gol, ele tocava sua gaita de forma desanimada.

Ainda no rádio, criou programas de calouros, em que eliminava os menos talentosos com um gongo. Como compositor, atuou com Carmem Miranda e criou a música *Aquarela do Brasil* (1939).

Além do esporte, outro gênero que ganhou espaço ainda na década de 1930 foi o humor, que logo passou a concorrer com os programas musicais e as radionovelas, despertando o interesse no público com programas como *PRK-30* (1944) e *Balança mas não cai* (1950), revelando autores como Silvino Netto, Lauro Borges e Manuel da Nóbrega – este, idealizador do programa *A praça é nossa* (1987) e pai do também autor e humorista Carlos Alberto de Nóbrega.

Em 1939, as emissoras deixaram os ouvintes espantados com o início da Segunda Guerra Mundial na Europa. No início da década seguinte, a audiência e o interesse pelo rádio cresceram exponencialmente, e o rádio se tornou o grande meio de comunicação para a transmissão de notícias. Em 1941, surgiu o *Repórter Esso*, que mudou o formato do jornalismo radiofônico ao abandonar o modelo antigo que simplesmente lia as notícias de jornais impressos.

O *Repórter Esso* iniciou a sua trajetória no dia 28 de agosto de 1941, transmitido pela Rádio Nacional do Rio de Janeiro. As primeiras notícias eram sobre a Segunda Guerra Mundial, apresentando o ataque que havia acontecido na Normandia, região da França, pelos aviões alemães. O *Repórter Esso* se dedicou exclusivamente a noticiar a guerra até o seu final, em 1945. Logo depois, passou a transmitir notícias do país inteiro, além de notícias regionais em cada estado. Em São Paulo, a transmissão era feita pela Rádio Record.

O nome do jornal era um patrocínio da empresa americana de combustíveis Standard Oil Company of Brazil, que no Brasil tinha uma marca de postos de gasolina chamada Esso. O programa marcou os ouvintes brasileiros com sua tradicional chamada "E atenção, muita atenção! Aqui fala o seu repórter Esso, testemunha ocular da História", que era acompanhada por uma fanfarra de metais composta pelo maestro carioca Haroldo Barbosa. A voz do locutor Heron Domingues se misturava com o jornal, o que o transformou no seu maior narrador.

O *Repórter Esso* transformou o radiojornalismo no Brasil, influenciando, inclusive, a criação dos telejornais na década de 1950. O jornal foi um grande sucesso, permanecendo no ar no rádio por quase 30 anos. Em 1952, o jornal também foi transmitido pela televisão, na TV Tupi. O *Repórter Esso* foi transmitido no rádio até 1968 e na televisão até 1970, passando por várias emissoras.

SUGESTÃO

No link a seguir, da Empresa Brasileira de Comunicações (EBC), atual administradora do acervo da Rádio Nacional, é possível ouvir diversas transmissões do *Repórter Esso*, inclusive a emocionante última transmissão, em que o locutor Roberto Figueiredo fez uma retrospectiva das principais notícias transmitidas, e aos poucos foi sendo tomado pela emoção, até acabar chorando no ar.

Disponível em: https://agenciabrasil.ebc.com.br/geral/noticia/2022-08/cem-anos-do-radio-no-brasil-conheca-historia-do-reporter-esso. Acesso em: 21 mar. 2024.

No decorrer das décadas de 1950 e 1960, o rádio ganhou a concorrência da televisão, e pouco a pouco o interesse publicitário também foi migrando para o então novo meio. O rádio foi perdendo a audiência e se reestruturando. Cada vez mais a presença da música foi crescendo enquanto diversos programas tradicionais deixavam de ser veiculados ou eram transferidos para a televisão.

No entanto, a grande mudança na rádio brasileira viria nas décadas de 1970 e 1980. Aos poucos, o jornalismo foi mudando, e surgiram as rádios FM, com melhor qualidade de som e uma programação mais dedicada ao público jovem. Na década de 1980, foram criadas as primeiras redes via satélite, que tiveram grande sucesso. A Rádio Bandeirantes de São Paulo passou a transmitir, a partir de 1982, o programa *Primeira hora*, para todas as suas afiliadas no Brasil. Outras emissoras, como a Jovem Pan e a Transamérica, começaram a fazer transmissões via satélite, chegando a várias regiões do território nacional.

Na década de 1990, os programas de informação e notícias chegaram às rádios FM, alterando o perfil do público ouvinte. Pouco a pouco, a chegada da internet e da digitalização foi transformando o cenário. Com a popularização da internet, as emissoras tiveram que se adequar a novas linguagens, tornando-se também produtoras de conteúdos. As web rádios chegaram para concorrer com as emissoras tradicionais, que começaram a incorporar outras maneiras de transmitir, por exemplo, apresentar programas jornalísticos em vídeos nos sites das emissoras.

Alguns programas televisivos também eram transmitidos no rádio, como o talk show *Programa do Jô*. Conduzido pelo apresentador Jô Soares, era transmitido simultaneamente na televisão (pela Rede Globo) e no rádio (pela CBN).

PARA SE APROFUNDAR

Padre Landell de Moura, o pioneiro do rádio no Brasil

Roberto Landell de Moura, nascido em Porto Alegre (RS) em 1861, era cientista e padre. Durante sua juventude, estudou em um colégio jesuíta na cidade de São Leopoldo (RS) e na Escola Politécnica do Rio de Janeiro (RJ). Anos mais tarde, viajou com seu irmão para Roma, na Itália, e seguiu carreira eclesiástica. Ao retornar ao Brasil, foi morar em Campinas. Em 1894, inventou um aparelho pelo qual conseguia falar com outra pessoa a quilômetros de distância sem a necessidade de fios. Landell de Moura realizou experiências de transmissão na cidade de São Paulo, entre a avenida Paulista e o alto de Santana, antes das experiências do italiano Guilherme Marconi, em 1895, com as ondas hertz. Mas seus feitos não foram bem recebidos pela Igreja Católica, sendo expulso pelo arcebispo de São Paulo, Dom Duarte Leopoldo e Silva, e tendo seu laboratório em Campinas destruído, sendo considerado bruxo e impostor. Sem apoio no Brasil, em 1901, viajou aos Estados Unidos, onde conseguiu desenvolver seus experimentos de telefonia sem fio, tendo inclusive alguns aparelhos patenteados. Em 1905, retornou ao Brasil, quando tentou fazer uma demonstração para o presidente da República, Rodrigues Alves. Para isso, solicitou o empréstimo de dois navios de guerra, mas teve seu pedido negado e, mais uma vez, caiu em descrédito. Frustrado e aborrecido, destruiu seus aparelhos e suas anotações e passou a se dedicar exclusivamente ao sacerdócio. Faleceu em 1928, sem nunca ter sido reconhecido pelas suas pesquisas.

RÁDIO NACIONAL DO RIO DE JANEIRO

A Rádio Nacional do Rio de Janeiro, inaugurada no dia 12 de setembro de 1936, foi um dos maiores veículos de comunicação do Brasil durante as décadas de 1930 a 1960, ditando tendências e sendo um sinônimo do sucesso e da história do rádio em nosso país.

A emissora começou herdando os equipamentos da antiga Rádio Philips, criada para divulgar os aparelhos eletrônicos da marca. Esses equipamentos foram colocados no prédio do grupo de comunicação do jornal *A noite* (dona de outros veículos, como as revistas *A noite ilustrada*, *Carioca* e *Vamos ler*).

A história da Rádio Nacional do Rio de Janeiro se mistura com a história do Brasil no século XX. Além do seu acervo cultural, a emissora ficava no coração da Praça Mauá, no edifício A noite, considerado um dos primeiros arranha-céus da América Latina e que existe até hoje.

A partir da década de 1940, a Rádio Nacional se transformou em um fenômeno de audiência, ultrapassando a líder, Rádio Mayrink Veiga. O auditório da Rádio Nacional, instalado em 1942, consolidou a carreira dos maiores artistas e músicos da música brasileira. Esse auditório recebia cerca de quinhentos ouvintes que participavam ativamente dos programas e tinham contato com artistas como Ângela Maria, Cauby Peixoto e Francisco Alves. A emissora foi a grande influenciadora das rádios no país, com uma mistura de música, notícias, esporte, programas de auditório e humorísticos. Ficou conhecida como "a escola do rádio", inclusive influenciando, mais tarde, os primeiros anos da televisão brasileira.

Pelos microfones da Rádio Nacional passaram grandes nomes, como os atores Paulo Gracindo e Mario Lago, e cantores como Emilinha Borba, Marlene, Jorge Veiga e Nelson Gonçalves.

Em 1941, a Rádio Nacional estreou a primeira radionovela do país, chamada *Em busca da felicidade*. Em 1942, inaugurou a primeira emissora de ondas curtas, o que deu a ela um novo status, elevando os programas a uma dimensão nacional. A emissora também produziu programas humorísticos, como *Balança mas não cai* (1950), com os atores Paulo Gracindo, Brandão Filho e Walter D'Ávila. Anos mais tarde, esse programa seria levado para a televisão com a participação dos mesmos artistas. Outro programa humorístico de destaque era o *PRK-30* (1944), que simulava uma emissora clandestina que invadia a frequência da Rádio Nacional e parodiava outros programas – até mesmo da própria rádio – além de propagandas, cantores e músicas. A Rádio Nacional foi pioneira, ainda, no radiojornalismo, com o *Repórter Esso,* com seu slogan "testemunha ocular da história" imortalizado na voz do locutor Heron Domingues.

Durante as décadas de 1930 a 1950, pertencer à Rádio Nacional e se transformar em uma estrela conhecida nacionalmente era o sonho dos artistas, mas com a popularização da televisão no final da década de 1950, sobretudo na década de 1960, as emissoras de rádio foram obrigadas a rever suas programações. Diretores, produtores e corpo técnico começaram a migrar para emissoras de televisão. Muitas vezes, o objetivo era reeditar na telinha os sucessos do rádio. As propostas eram milionárias (para a época), e grandes programas desapareceram do rádio.

O declínio da Rádio Nacional teve início com a ascensão da televisão, o que foi agravado pelo golpe militar de 1964, quando muitos profissionais foram afastados e outros perseguidos pelo regime ditatorial. Em 1972, os acervos sonoros e partituras dos programas da Rádio Nacional foram cedidos ao Museu da Imagem e do Som (MIS) do Rio de Janeiro. Nas décadas seguintes, a decadência da emissora se acentuou devido à escassez de investimentos e à crescente competição da televisão e das rádios FM, fazendo a emissora perder não apenas a audiência, mas o glamour e o destaque que tinha conquistado com os ouvintes. Atualmente, a emissora faz parte da Empresa Brasil de Comunicação (EBC) e permanece no ar ao longo desses anos, apresentando uma variedade de programas tradicionais conduzidos por um grupo de radialistas que ainda cativam ouvintes fiéis, muitos dos quais sentem saudades dos dias de glória da emissora.

A MIGRAÇÃO DA AM PARA A FM NO BRASIL

Outro marco histórico na trajetória da radiodifusão foi a chegada das emissoras em frequência modulada (FM), que permitiu um elevado ganho de qualidade sonora nas transmissões. Embora a tecnologia existisse há décadas, apenas em 1970 entrou no ar a primeira emissora FM no Brasil, a Rádio Difusora, de São Paulo.

A FM foi responsável pela renovação das emissoras de rádio – que estavam seriamente afetadas pela popularização da televisão – com crescente número de receptores. A partir da década de 1980, o rádio brasileiro passou por novas modificações, com a configuração da dualidade AM/FM, que permaneceu durante vários anos. A rádio AM apresentava notícias e radiojornais, enquanto a rádio FM trazia música e entretenimento.

Com a popularização da internet, principalmente a partir do final da década de 1990 e início da década de 2000, o rádio precisou se adequar a novas mudanças. Além de transmitir em FM e AM, sendo este formato cada vez menos difundido em virtude da sua restrição tecnológica, as emissoras passaram a se tornar produtoras de conteúdo para canais digitais.

Com a assinatura do Decreto nº 8.139, em março de 2014, as rádios AM puderam migrar para operar na faixa FM, projetando uma tendência do mercado, com os ouvintes acompanhando seus programas a partir de aparelhos celulares e outros dispositivos. Com esse processo de migração, foi necessária a ampliação da oferta para novas emissoras, criando-se a chamada banda estendida, com frequências de 76,1 FM a 87,5 FM.

O RÁDIO NA ERA DIGITAL

Entre as décadas de 1980 e 1990, o rádio continuou a evoluir e viu a chegada de aparelhos digitais que permitiam a memorização de estações e a transmissão via satélite. No final da década de 1990, a internet se popularizou e começaram a nascer as primeiras web rádios. Para muitos, as web rádios iriam acabar rapidamente com as transmissões analógicas em AM e FM, mas isso nunca aconteceu. O rádio, por sua vez, passou a ter uma programação mais digitalizada ao atravessar mais uma importante mudança. A chegada da internet e a evolução das tecnologias digitais alteraram consideravelmente os espaços de radiodifusão e as formas de ouvir rádio.

Na década de 2000, começaram as discussões para a implantação da transmissão digital. Diversos órgãos governamentais e emissoras estudaram diferentes modelos de implantação, mas sem estabelecer um prazo para a migração digital e o desligamento do sinal analógico. A digitalização do rádio apresentava muitas possibilidades, como a utilização das emissoras para a multiprogramação, com um transmissor para transmitir mais de um programa, o que representava um ganho enorme para as emissoras comunitárias, educativas e públicas.

Em 2007, foi criado o Conselho Consultivo do Rádio Digital, para ajudar na implantação definitiva da digitalização do rádio no país. Em 2010, foi definido o Sistema Brasileiro de Rádio Digital (SBRD) e começaram as pesquisas sobre os padrões dos sistemas que seriam implantados no país.

O padrão digital mais antigo é o DAB (digital audio broadcasting), surgido na Europa e que tinha como objetivo ser o padrão único no continente, mas não vingou. Esse padrão começou a ser desenvolvido no final da década de 1980 e está implantado em alguns países europeus, asiáticos, no Canadá e na Austrália.

O HD radio é um padrão digital criado nos Estados Unidos, mas sem possibilidade de operar com transmissões em ondas curtas. Esse sistema foi implantado apenas nos Estados Unidos e no México.

O DRM (digital radio mondiale, que podemos traduzir como rádio digital mundial) foi criado com o objetivo de ser um padrão mundial e aberto, não apenas de um país ou continente. O DRM funciona em todas as bandas de radiodifusão sonora terrestre: ondas curtas, ondas médias, ondas tropicais, além do VHF, a faixa de operação das rádios FM. É um padrão muito popular em países da Ásia e implantado na Rússia e na Índia. Uma das vantagens do DRM é a possibilidade das emissoras de transmitir simultaneamente e, assim como o HD radio, possibilita a multiprogramação e transmite dados digitais de qualquer natureza.

No Brasil, a EBC testou, em 2016, o padrão DRM, objetivando digitalizar a Rádio Nacional da Amazônia. É um grande desafio trabalhar na transmissão digital no Brasil, em todas as suas etapas, do planejamento à implantação, as questões envolvendo a legislação, assim como pensar na utilização para os usuários.

A transformação digital proporcionada pela internet impacta tanto no acesso à informação quanto na criação de conteúdo. Aos poucos vão se modificando também as maneiras de consumo desses conteúdos, e tanto a televisão quanto o rádio precisam se adaptar a esses novos consumidores. Transmissões pela internet e outras plataformas como canais do YouTube, criação de conteúdos exclusivos, maior interatividade, disponibilização de aplicativos ou, ainda, a integração ao ambiente multiplataforma, são possibilidades que as emissoras encontram para alcançar esse novo público e aproveitar as tendências digitais.

Em 2017, a Noruega se tornou a primeira nação do mundo a encerrar o sinal analógico de rádio, projeto que vinha sendo estudado desde a década de 1990. Hoje, as rádios naquele país não podem mais ser ouvidas em FM, pois todas migraram para o sistema digital audio broadcasting (DAB). No ano do desligamento, o país contava com 22 emissoras de rádio digital, e vem ampliando esse número. Seguindo a tendência, vários outros países da Europa e da Ásia avaliam a transição definitiva para a rádio digital.

PODCAST: E AGORA, COMO VAI FICAR O RÁDIO?

Podcast é um conteúdo de áudio digital que pode ser ouvido em qualquer lugar, a qualquer hora, graças à tecnologia de feed RSS, com o objetivo de transmitir informação, produzido sob demanda. Sua história começou no início da década de 2000, quando um ex-Vj da MTV americana chamado Adam Curry e um desenvolvedor de software começaram a experimentar uma nova maneira de entregar conteúdo de áudio pela internet. Esse processo de streaming automático de arquivos de áudio para o computador ou dispositivo móvel de um usuário ainda não tinha um nome oficial. A origem da palavra "podcast" é atribuída ao jornalista britânico Ben Hammersley, por ter sido o primeiro a usar o termo, contração de "iPod" (tocadores de áudio digital produzidos pela Apple) e "broadcast" (difusão de conteúdos em radiodifusão), em um artigo no *The Guardian* em 2004. No ano seguinte, em 28 de junho de 2005, a Apple assumiu e popularizou o termo ao introduzi-lo na versão 4.9 do seu software iTunes, permitindo a sincronização com o aparelho iPod.

Tecnicamente, qualquer pessoa ou empresa com um computador, conexão à internet e um microfone de qualidade pode criar e distribuir gratuitamente podcasts, o que faz deles um meio democrático e dinâmico. No início, os podcasts eram considerados hobby de alguns entusiastas de tecnologia e do rádio que não tinham a oportunidade de trabalhar em grandes emissoras. Criados com objetivos e formatos diferentes, pouco a pouco foram conquistando um público disposto a ouvir determinado assunto que muitas vezes não era amplamente discutido nas emissoras de rádio.

A partir da década de 2000, a maneira como o público consumia conteúdos audiovisuais foi mudando. Se antes era necessário ficar diante de um aparelho televisor em determinado horário para assistir a um filme ou programa, com o passar do tempo, a escolha de como e quando ver passou para o espectador. Essa maneira de consumir vídeo já era comum no consumo de áudio, e os podcasts vieram atender a essa tendência. Enquanto os produtores de podcasts (os podcasters) roteirizam, gravam e editam seus episódios, a maioria dos programas de rádio é transmitida ao vivo e dificilmente tem edição no conteúdo. Outra questão importante é a duração, pois, enquanto os programas de rádio têm duração mais bem definida, incluindo intervalos publicitários, os podcasts têm as mais variadas durações.

O rádio sempre foi reconhecido como um dos meios mais democráticos, com seus ouvintes seguindo a programação em casa, no carro e, mais recentemente, nos dispositivos móveis. Suas transmissões, porém, podem sofrer interferências, seja pela distância ou pelas condições atmosféricas. Já os podcasts necessitam conexão com a internet e acesso a plataformas como Spotify, Deezer, SoundCloud, Google Podcasts e Apple Podcasts, possibilitando uma audiência mais variada, com pessoas de diversas partes do mundo.

O rádio se estruturou como um dos meios mais populares para programas jornalísticos, musicais e de entretenimento em geral, funcionando com formatos definidos, horários e intervalos fixos, com equipes de produção transmitindo a maioria do conteúdo ao vivo, em tempo real; e as emissoras oferecem programações para atender o público em geral, uma vez que o rádio é um meio de comunicação de massa.

Os podcasts são produzidos por pessoas diversas, profissionais ou amadores, veteranos ou iniciantes. Os conteúdos, muitas vezes, são nichados, atendendo a públicos específicos. Esses conteúdos (com temas como tecnologia, ciências, história, entre outros), muitas vezes, não têm espaço na programação das emissoras de rádio. Vamos pensar no nosso caso: se quisermos apresentar um programa de rádio sobre comunicação e audiovisual, provavelmente não teremos espaço para um programa longo em uma emissora de rádio. No entanto, podemos criar um conteúdo específico sobre esse tema e fazer quantos episódios foram necessários em um podcast.

Podcasts podem ser ouvidos como, quando e onde quiser, podendo ser baixados ou acessados das plataformas de streaming, o que os torna cada vez mais comuns. As emissoras de rádio pouco a pouco vão incorporando novas formas de distribuir seus conteúdos, transformando seus programas, sejam eles transmitidos ao vivo ou gravados, em arquivos de áudio no formato de podcast, para que o ouvinte possa ouvir no horário em que quiser.

Um estudo do Kantar Ibope Media (2023) apresenta que os ouvintes das emissoras de rádio consomem conteúdos em diversas plataformas: 39% consomem conteúdo das emissoras via YouTube; 25% por redes sociais; e 22% por podcasts. Nesse mesmo estúdio, 50% dos ouvintes de rádio afirmam ter ouvido podcasts, um aumento significativo em relação ao ano anterior, sendo os temas preferidos: comédia (37%), música (34%), noticiário e política (23%), esporte (23%) e educação (22%).

Emissoras como a britânica BBC ou as brasileiras Globo, Jovem Pan e CBN colocam seus conteúdos para serem consumidos e acessados sob demanda ou no formato de podcasts. Tanto o rádio quanto os podcasts têm procurado outros formatos de produção e de colaboração, oferecendo aos ouvintes novos conteúdos. Algumas emissoras disponibilizam seus programas como podcasts logo após a sua transmissão. As emissoras de rádio procuram novas maneiras de alcançar as novas gerações, que têm hábitos de consumo diferentes, e os podcasts se apresentam como alternativa para veiculação do rádio.

ARREMATANDO AS IDEIAS

O rádio sempre foi um dos meios de comunicação mais abrangentes no Brasil e continua relevante até os dias de hoje, apesar do crescimento das mídias digitais. Desde a sua primeira transmissão, durante as comemorações do centenário da independência em 7 de setembro de 1922, o rádio tem se mantido como uma das principais fontes de informação, ao lado da televisão aberta.

De acordo com dados do Kantar Ibope (2023), mais de 80% da população brasileira ouve programação radiofônica e 76% dos ouvintes acreditam que o meio está se modernizando tanto em conteúdo quanto em formato. Por outro lado, 38% dos ouvintes mudaram sua forma de consumo, optando por ouvir on-line.

O rádio é um meio em constante evolução e crescimento. Uma de suas principais vantagens no Brasil é a facilidade de acesso, seja por meio de aparelhos próprios, celulares, no carro ou até mesmo pela internet, permitindo que as pessoas estejam sempre informadas e desfrutem das novidades, especialmente no mundo da música.

A pesquisa do Kantar Ibope (2023) também revela que os ouvintes consomem o rádio em diferentes contextos: 58% ouvem em casa durante as atividades cotidianas; 27% no carro ou moto particular; e 12% no local de trabalho. Além disso, 83% dos entrevistados consideram a transmissão de notícias pelo rádio como positiva, devido à facilidade de compreensão; e 74% consideram confiáveis as informações oferecidas pelo rádio.

Ao examinar a história do rádio, observamos que muitas pessoas que alcançaram sucesso na televisão começaram suas carreiras nesse meio, onde adquiriram os primeiros conhecimentos em comunicação. Apesar da concorrência da televisão, o rádio continuou sendo um meio importante de comunicação e entretenimento. Até hoje, existem milhares de emissoras de rádio espalhadas pelo Brasil, transmitindo notícias, músicas e uma variedade de programas para milhões de ouvintes.

CAPÍTULO 6

O panorama da televisão

Em um mundo cada vez mais digital e tecnológico, onde as pessoas têm inúmeras opções para consumir conteúdo, a televisão continua a se destacar como um meio de comunicação poderoso e influente. Desde sua primeira transmissão, em 1927, a televisão tem sido uma força de mudança e progresso, informando, educando e entretendo pessoas ao redor do mundo.

A história da televisão é resultado de pesquisas e da união de cientistas, físicos e matemáticos que acreditavam na possibilidade de transmitir imagens a distância. Durante décadas, milhares de pessoas fizeram da televisão sua companhia e, ao chegar em casa, a primeira coisa que faziam era ligá-la. Toda uma geração nunca esqueceu a primeira imagem que viu em um aparelho de televisão. Diversas outras gerações cresceram assistindo televisão, a ponto de, em muitos momentos, ela ser chamada de "babá eletrônica".

Durante anos, a televisão foi alvo de questionamentos sobre seu papel. Ela educa? Deseduca? Aliena? Por meio da televisão, crianças e jovens têm acesso a uma infinidade de informações sobre os mais variados assuntos, muitas vezes apresentados de forma fragmentada. Mas não podemos minimizar o poder desse meio e, justamente por isso, precisamos analisar sua importância mais do que nunca.

Apesar de muitos afirmarem que a televisão está em declínio por conta da crescente concorrência da mídia digital, a realidade é que ela continua sendo uma força significativa em nossas vidas, moldando a cultura e a sociedade de maneira profunda e duradoura.

O PANORAMA DA TELEVISÃO MUNDIAL

As primeiras pesquisas sobre transmissão de imagens datam do século XIX. Vários pesquisadores dos mais diversos ramos, como física, química e matemática, contribuíram para o aperfeiçoamento das técnicas que viriam a ser empregadas nos aparelhos de televisão. Em 1817, o elemento químico selênio foi descoberto pelo cientista sueco Jöns Jacob Berzelius. Em 1842, o pesquisador escocês Alexander Bain desenvolveu um projeto de envio telegráfico de imagens. Décadas depois, em 1873, o pesquisador e engenheiro elétrico britânico Willoughby Smith atestou que o selênio era capaz de converter energia luminosa em energia elétrica. Em 1884, o técnico e inventor alemão Paul Nipkow registrou o primeiro disco de varredura, que tinha a capacidade de transmitir imagens em movimento por meio de um fio condutor. Coincidentemente, foi o ano em que Hertz apresentou seus estudos sobre a propagação de ondas de rádio.

A invenção de Nipkow, posteriormente melhorada, viabilizou as transmissões de imagens de forma regular tanto na Inglaterra quanto nos Estados Unidos (Sampaio, 1984). O sistema inicial criado por Nipkow foi aprimorado pelos cientistas alemães Julius Elster e Hans Geitel com a introdução da célula fotoelétrica em 1889. Em 1897, o físico alemão Karl Ferdinand Braun desenvolveu os tubos de raios catódicos, que aos poucos foram sendo aprimorados como transmissores de imagens à distância.

O termo televisão foi usado pela primeira vez por Constantin Perskyi, em 1900, em uma apresentação no Congresso Internacional de Eletricidade. Perskyi pensou na expressão unindo os termos *tele* (longe, em grego) e *videre* (ver, em latim) (Megrich, 2009). Em 1923, o engenheiro escocês John Logie Baird aproveitou as pesquisas anteriores e montou um dos primeiros aparelhos de televisão, transmitindo e recebendo imagens e sons com boa qualidade (levando em consideração os experimentos anteriores). No mesmo ano, o pesquisador russo Vladmir Zworykin desenvolveu um tubo de imagem chamado de iconoscópio, que seria a origem da televisão eletrônica (Megrich, 2009). Sobre esse início da televisão, Xavier (2000, p. 18) comenta: "Não se pode atribuir a invenção da televisão a uma só pessoa. Cada novo equipamento era construído a partir de experiências anteriores de outros pesquisadores".

A empresa americana Radio Corporation of America (RCA), uma das principais fabricantes de aparelhos receptores de rádio na época, ficou entusiasmada com as pesquisas de Vladimir Zworykin e o contratou para desenvolver o primeiro modelo de televisão produzido em escala industrial. Franceses e britânicos também investiram na construção de estúdios e, prontamente, na transmissão de imagens. Com a chegada da década de 1930, a televisão se aperfeiçoou e começou a se transformar em um aparelho viável comercialmente. A Alemanha foi o primeiro país com uma televisão pública, criada em março de 1935. A Inglaterra implantou seus serviços de televisão em 1936, com melhor qualidade de imagem. Em 1939, os Estados Unidos inauguraram sua primeira emissora em 1939, a National Broadcasting Company (NBC), primeira emissora de televisão comercial do mundo, uma vez que operava com anunciantes e patrocinadores. França e União Soviética também realizaram experimentações com transmissões televisivas em 1936.

Por conta da Segunda Guerra Mundial, as experimentações e as transmissões televisivas foram interrompidas em muitos países. A televisão alemã fez suas transmissões até 1943. Após o final do conflito, o interesse, tanto pelas transmissões quanto pelo uso doméstico, teve um grande aumento, impulsionado pelos avanços tecnológicos da radiodifusão que as pesquisas durante a guerra proporcionaram.

No dia 2 de junho de 1953, a coroação da rainha Elizabeth II, em Londres, foi transmitida ao vivo para cinco países europeus e com atraso no Canadá, nos Estados Unidos e na Austrália, sendo um marco tecnológico. Em 1954, a emissora americana NBC fez os primeiros experimentos de televisão colorida, que só chegaria à Europa no início da década de 1960 e, no Brasil, em 1972. Em 1962, foi feita a primeira transmissão intercontinental entre os Estados Unidos e a Europa.

Em 21 de julho de 1969, a transmissão ao vivo da chegada do homem à lua foi um evento assistido por mais de seiscentos milhões de espectadores em todo o mundo. Esse marco consolidou definitivamente a televisão como um dos maiores meios de comunicação de massa e contribuiu para o conceito da aldeia global de McLuhan, conforme tratado no capítulo 2 deste livro.

O SISTEMA BROADCAST

O modelo broadcast, também conhecido como transmissão de radiodifusão, é o processo de enviar sinais de áudio e vídeo para uma audiência por meio de ondas radiofônicas ou cabos. Broadcast é um termo da língua inglesa formado por duas palavras distintas, *broad* (largo, ou em larga escala) e *cast* (enviar, projetar, transmitir). No Brasil, há algumas décadas, quando o rádio e a televisão chegavam ao país, o termo foi traduzido como "radiodifusão". A transmissão de áudio e vídeo não se faz mais exclusivamente por ondas de rádio e atingiu outros tipos de dispositivos eletrônicos; assim, por conta do desenvolvimento tecnológico, a palavra radiodifusão se tornou obsoleta para se referenciar ao termo broadcast.

O sistema broadcast é uma forma de comunicação em massa que permite que as emissoras transmitam programas de televisão e rádio para milhões de espectadores em todo o mundo. É uma das principais formas de entretenimento e informação, oferecendo grande variedade de conteúdo, desde notícias e esportes até programas de entretenimento e documentários.

Esse sistema de radiodifusão permaneceu durante muito tempo na televisão mundial, com grande sucesso, praticamente sem concorrência dos outros meios. Utiliza frequências de rádio ou cabos para enviar o sinal até os aparelhos receptores como televisores e decodificadores.

É um sistema complexo com etapas bem definidas: a primeira inicia com a produção e gravação do conteúdo, geralmente em estúdios de televisão, mas pode ocorrer também em ambientes externos, com câmeras de alta definição. A segunda começa quando o sinal de vídeo é enviado por meio do switcher, um aparelho que codifica o sinal e o envia para transmissão. A terceira é quando o sinal é enviado para as antenas de radiodifusão que, por sua vez, o enviam para os aparelhos de televisão dos telespectadores.

No modelo de transmissão conhecido como televisão aberta, o sinal é transmitido gratuitamente para qualquer pessoa que possua um televisor e uma antena e sintonize na frequência que está sendo transmitida pelo canal. No modelo conhecido como televisão fechada, o sinal chega codificado e liberado por um aparelho que o usuário paga para receber. No modelo via satélite, o sinal é transmitido via satélite para uma grande região geográfica.

Na década de 2000, a televisão e as transmissões broadcast começaram a sofrer concorrência de vídeos da internet e serviços de streaming de vídeo. Aos poucos, as emissoras mais tradicionais foram se adaptando aos novos modelos e oferecendo conteúdos também em outras plataformas. O modelo broadcast avançou gradativamente, uma vez que tem instalada uma base de produção e de receptores muito grande, às vezes com tecnologias diferentes e até ultrapassadas. No entanto, outro desafio que esse sistema enfrenta diz respeito às questões técnicas, como a necessidade de atualizar rapidamente para novas infraestruturas de transmissão, visto que a indústria vem lançando novos aparelhos com maior velocidade, como os formatos 2K e 4K.

Nas últimas décadas, a migração dos sistemas tradicionais de broadcast de televisão, como áudio, vídeo, câmeras, aparelhos de recepção, transmissão e monitoramento, entre outros, têm convergido em direção a um cenário em que se tornam cada vez mais próximos dos sistemas da tecnologia da informação (TI), incorporando elementos tais como o sistema de telecomunicação, a internet, as redes, a segurança de dados e o acesso remoto, entre tantas outras tecnologias.

A HISTÓRIA DA TELEVISÃO NO BRASIL

O Brasil entrou para o universo televisivo, definitivamente, em 1950, mas, antes, alguns experimentos foram testados. Um dos primeiros aconteceu em 1933, no Rio de Janeiro, por um dos pioneiros do rádio no Brasil, Edgar Roquette-Pinto, que realizou suas experiências no mesmo local da Rádio Sociedade do Rio de Janeiro, no centro da cidade. Dois anos depois, na mesma cidade, foi feita a primeira demonstração de um circuito fechado, na Feira de Amostras do Calabouço, realizado pelo Ministério dos Correios da Alemanha e pelo Departamento Nacional de Propaganda (Xavier, 2000).

Mais tarde, em 1948, em Juiz de Fora (MG), foi feita a primeira transmissão experimental de uma partida de futebol na televisão. A cidade comemorava seu centenário, e um jogo amistoso disputado pelas equipes Bangu (RJ) e Tupi (MG) serviu de palco para o experimento (Amorim, 1990).

Os méritos da implantação da televisão brasileira de forma contínua é de Francisco de Assis Chateaubriand Bandeira de Mello, conhecido como Assis Chateubriand, ou simplesmente Chatô, que já era dono de vários jornais, revistas e emissoras de rádio em todo o Brasil, parte de um grupo único, os Diários Associados. Chateubriand foi também o fundador do Masp (Museu de Arte de São Paulo).

Em 1949, Chateubriand viajou aos Estados Unidos para negociar com a RCA Victor a compra de equipamentos por mais de 5 milhões de dólares na época, e contratou uma equipe para coordenar o trabalho de implantar a primeira emissora de televisão brasileira, a TV Tupi. No ano seguinte, seguiu trabalhando e a TV Tupi fez seu primeiro teste experimental, no dia 5 de julho de 1950, na sede do Masp, com a presença de várias celebridades que assistiram à apresentação de frei José Mojica cantando um bolero.

Em agosto de 1950, o engenheiro americano Walter Obermiller, da RCA Victor, veio ao Brasil para verificar como estava a operação de instalação dos equipamentos comprados por Chatô. Ao perguntar para quantos aparelhos seria feita a transmissão, foi surpreendido com a resposta: nenhum! Apesar do investimento na transmissão, ninguém tinha pensado que não havia nenhum aparelho receptor à venda no Brasil. Chateubriand, advertido pelo engenheiro, manda trazer duzentos aparelhos dos Estados Unidos. Finalmente, no dia 18 de setembro de 1950, ocorreu a implantação definitiva da televisão em território nacional. Um verdadeiro marco, pois, desde essa data, não houve um dia sequer sem televisão no Brasil.

Assis Chateaubriand, ao criar a TV Tupi, fez do Brasil o sexto país a inaugurar uma emissora de televisão no mundo. Antes da TV Tupi, Inglaterra, Estados Unidos, França, União Soviética e México também tinham seus sistemas definitivos de televisão, sendo que a TV mexicana entrou no ar 18 dias antes da primeira transmissão da TV Tupi (Xavier, 2000).

No dia da inauguração, foi exibido o *Show na taba,* às 21h, com uma hora de atraso. Algumas horas antes de ir ao ar, uma das câmeras apresentou problemas, e Walter Obermiller, responsável pela transmissão, decidiu adiar a inauguração, o que foi recusado pelos diretores e pela equipe presente. O engenheiro, aborrecido, teria se retirado do estúdio, não participando da primeira transmissão.

Um dos responsáveis pelo sucesso nesse primeiro dia foi Cassiano Gabus Mendes que, aos 21 anos, mesmo com atraso, conseguiu colocar a TV Tupi no ar. Cassiano era um dos poucos que tinham alguma familiaridade com as imagens em movimento, uma vez que tinha trabalhado com seu pai Otávio Gabus Mendes, diretor de cinema e roteirista do filme *Ganga bruta* (1933), de Humberto Mauro (Morais, 1994). Cerca de duzentos aparelhos espalhados pela cidade de São Paulo receberam o sinal da transmissão. Ao término, às 23h, em meio à comemoração, Cassiano Gabus Mendes percebeu que tinham um novo desafio: não haviam programado nada para o dia seguinte (Abril Cultural,1985b).

A televisão, apesar de ter sido muito bem aceita pelo público brasileiro, teve seus primeiros anos determinados por falta de profissionalismo, improvisos e precariedades. Chatô enfrentou diversas dificuldades iniciais, como a falta de recursos técnicos, pouca publicidade (uma vez que as agências e o mercado ignoravam o novo meio) e uma indústria incipiente que demorou a produzir os aparelhos receptores (Rohrer, 2010).

Em 1951, a marca Invictus e, mais tarde, a Sociedade Eletromercantil Paulista (Semp) fabricaram os primeiros televisores em território nacional. Anos mais tarde, durante o governo do presidente Juscelino Kubitschek (1956-1961), os aparelhos televisores, assim como os automóveis, torna-ram-se grandes pilares do desenvolvimento industrial brasileiro, o que coincidiu com o desenvolvimento urbano em relação às áreas rurais.

Como era um novo meio, a televisão brasileira procurava uma linguagem própria e, diferente de vários países onde o cinema foi o seu grande influen-ciador, aqui, a linguagem televisiva foi formada pelo circo e, principalmen-te, pelo rádio, sobretudo a Rádio Nacional do Rio de Janeiro.

Aos poucos, outras emissoras começam a ser inauguradas no Brasil, prin-cipalmente nas capitais dos estados. Em janeiro de 1951, foi a vez do Rio de Janeiro receber a filial da TV Tupi, seguida de várias outras emissoras, como TV Paulista (SP, 1952), TV Record (SP, 1953), TV Rio (RJ, 1954), TV Excelsior (SP, 1959), TV Jornal do Commercio (PE, 1960), TV Rádio Clube de Pernambuco (PE, 1960) e TV Itapoan (BA, 1960).

A TV Paulista, inaugurada em 1952, foi instalada em apartamentos na rua da Consolação, área central de São Paulo, com equipamentos mais modes-tos que a concorrente TV Tupi. Mais tarde, se instalou na rua das Palmeiras, no bairro de Santa Cecília, em São Paulo. Pela TV Paulista, foram trans-mitidos programas icônicos do começo da nossa televisão, como a *Praça da Alegria*, dirigida por Manoel da Nóbrega e, principalmente, o *Programa Silvio Santos*. No ano de 1965, a emissora foi comprada pela TV Globo e se tornou a filial paulista da emissora carioca, marcando o início da Rede Globo (Xavier, 2000).

A TV Record, inaugurada 1953 por Paulo Machado de Carvalho, em São Paulo, se aproveitou do prestígio da rádio Record. Inicialmente, a emissora investiu em musicais como *Grandes espetáculos união*, com apresentação de Blota Júnior e Sandra Amaral. Rapidamente, a TV Record se tornou líder de audiência com musicais, shows, telejornais e, principalmente, esporte, com destaque para os jogos de futebol. Na década de 1960, a emissora foi essencial para a renovação da música brasileira ao apresentar em seus programas ritmos novos como a bossa nova, a jovem guarda e a tropicália, com artistas como Elis Regina, Jair Rodrigues, Roberto Carlos e Caetano Veloso.

A TV Rio, inaugurada em 1955 pelo empresário João Batista do Amaral, contando em seu elenco com artistas da Rádio Mayrink Veiga. Carinhosamente apelidada de "Carioquinha", apresentava programas como o *TV Rio ring* e o *Teatro moinho de ouro,* que se tornaram líderes de audiência; mas foi com o programa *Noite de gala*, apresentado por Flávio Cavalcanti, que a emissora começou a se destacar. Na TV Rio surgiu uma das pessoas que mudariam os rumos da televisão brasileira: Walter Clark. Diretor comercial da emissora entre 1956 e 1965, vindo do mercado publicitário, introduziu o rigoroso sistema de minutagem para os comerciais, até então inédito na televisão brasileira, profissionalizando o mercado e trazendo lucros para emissora. É importante ressaltar que quase nenhuma emissora no Brasil tinha lucros em suas operações e, com isso, Walter Clark chamou a atenção da TV Globo, para onde se transferiu em 1966 e a transformou na maior emissora do país.

A decadência da TV Rio teve início em 1963, quando a TV Excelsior contratou grande parte de seus artistas e técnicos, enfraquecendo sua programação e estrutura. Em 1977, a emissora teve sua licença cassada e encerrou suas atividades, marcando o fim de uma era na televisão carioca (Xavier, 2000). A TV Excelsior, fundada em 1959, destacou-se como uma importante emissora da televisão nacional, com programas inovadores e criativos. Durante a década de 1960, travou uma acirrada disputa pela audiência. Diversos programas se destacaram pela qualidade, algo não tão comum na televisão da época. Entre esses programas, destacam-se o *Times square*, o *Jornal de vanguarda* e o *Excelsior a go-go*. No entanto, a TV Excelsior interrompeu suas transmissões de forma abrupta, o que é creditado às divergências políticas entre seus diretores com a ditadura militar. Esses desafios políticos culminaram no encerramento das atividades da emissora, privando o público de uma fonte de entretenimento e informação que havia se destacado por sua qualidade e inovação (Moya, 2004).

A história das telenovelas brasileiras na televisão começou em 1951, na TV Tupi, com *Sua vida me pertence*, de Walter Foster, em um formato bem diferente do atual, com poucos capítulos apresentados em dois ou três dias da semana. Em 1962, com a telenovela *2-5499 ocupado*, do argentino Alberto Migré, na TV Excelsior, as telenovelas começaram a ser exibidas diariamente (Xavier, 2000). A partir daí, as emissoras começam a investir cada vez mais no gênero, que se tornou um dos preferidos do público brasileiro.

O profissionalismo na televisão brasileira começou a se desenvolver na década de 1960, com o objetivo de conquistar o investimento publicitário que era direcionado majoritariamente para rádio, jornais e revistas. Em 1962, foi organizado o Código Brasileiro de Telecomunicações e, no mesmo ano, foi criada a Embratel (Empresa Brasileira de Telecomunicações) e a Abert (Associação Brasileira de Emissoras de Rádio e Televisão). A TV Globo iniciou seus trabalhos no Rio de Janeiro, em 26 de abril de 1965, presidida pelo jornalista Roberto Marinho, que detinha o jornal *O Globo* e a Rádio Globo. A TV Globo chegou discretamente no mercado, e gradualmente foi se transformando na maior emissora do país e uma das maiores do mundo, pelos cinquenta anos seguintes.

Logo após sua estreia, a emissora foi envolvida em uma grande polêmica, quando, em 1962, fez uma parceria com o grupo americano Time-Life, que detinha 30% das ações da emissora, o que não era permitido pela legislação brasileira, que proibia grupos estrangeiros na direção de uma empresa de comunicação. Essa parceria motivou a CPI Time-Life/Globo, liderada pelo deputado João Calmon, que também era um dos diretores do grupo Diários Associados, de Assis Chateubriand. Em setembro de 1966, a CPI concluiu que a parceria feria a Constituição, mas não teve nenhuma punição para a TV Globo. Em 1967, o governo do presidente Castello Branco arquivou o inquérito, e o acordo foi finalizado em 1969, quando a Time-Life vendeu a sua parte para a TV Globo.

Ainda em 1966, a TV Globo teve como diretores Walter Clark, vindo da TV Rio, e José Bonifácio de Oliveira Sobrinho, o Boni. A dupla revolucionou a emissora, implantando o mesmo sistema de venda de comerciais (grande sucesso na TV Rio) que era muito comum no mercado de televisão dos Estados Unidos. Enquanto Walter Clark era responsável pela administração e pelas vendas, Boni atuava em toda a produção e programação. As principais emissoras de televisão sempre foram geridas de maneira caótica, ao contrário da Globo, que, desde o início de suas transmissões, montou uma organização sem o paternalismo de outros grupos (Simões, 2004).

Aos poucos, a TV Globo foi se transformando em uma rede nacional, apostando em uma mesma programação para todo o país, com a mesma linguagem. Logo no início, Walter Clark investiu em programas populares de auditório, como os de Chacrinha, Raul Longras e Dercy Gonçalves, agradando aos espectadores de São Paulo e do Rio de Janeiro, as cidades que mais concentravam aparelhos de televisão (Rohrer, 2010). Na década de 1970, Walter Clark e Boni mudaram a cara da emissora, implantando um padrão de qualidade e solidificando a TV Globo como a maior emissora do país.

A TV Bandeirantes (canal 13) foi inaugurada em São Paulo no dia 13 de maio de 1967, por João Jorge Saad, proprietário da tradicional Rádio Bandeirantes, que tinha como meta criar a emissora mais moderna da América Latina. Dois dias depois, em 15 de maio, estreou a novela *Os miseráveis,* de Walter Negrão e Chico Assis, que implantaria o capítulo diário com duração de 45 minutos (o padrão era de 30 minutos), que se tornaria o padrão para as outras emissoras.

A primeira emissora de TV educativa do Brasil, inaugurada em 1968, foi a TV Universitária, ligada à Universidade Federal de Pernambuco. Outra emissora educativa muito importante inaugurada ainda na década de 1960 foi a TV Cultura. A história da TV Cultura, em São Paulo, remonta ao início da década de 1960, como afiliada dos Diários Associados de Assis Chateaubriand. A emissora, que era comercial, foi inaugurada em 20 de setembro de 1960, no prédio histórico dos Diários Associados, na rua Sete de Abril. Em 1965, um incêndio destruiu suas instalações, e a emissora foi transferida para o bairro do Sumaré, onde funcionava a TV Tupi.

Em 1967, com a criação da Fundação Padre Anchieta pelo governo do estado de São Paulo, iniciou-se a negociação com os Diários para a transferência do controle da emissora para a Fundação. Em 1969, foram retomadas as operações como uma emissora educativa, no bairro da Água Branca (onde está até hoje), com programas educacionais e documentários. Nas décadas seguintes, ficaram marcados programas como o infantil *Vila Sésamo* (1972) e os educativos *É proibido colar* (1981) e *Quem sabe, sabe!* (1981).

A década de 1960 foi marcada pelos programas musicais em várias emissoras, mas o grande sucesso ocorreu na TV Record, com programas como *O fino da bossa* (1965), apresentado por Elis Regina e Jair Rodrigues, *Jovem guarda* (1965), apresentado por Roberto Carlos, com a participação de Erasmo Carlos e Wanderléa, e os *Festivais da canção* (1965), com a consagração de artistas como Chico Buarque de Holanda, Edu Lobo, Geraldo Vandré, Tom Zé, Sérgio Ricardo, Caetano Veloso, Gilberto Gil e os Mutantes. Esse programa tinha a participação do público ao vivo, que lotava os auditórios, ora apoiando seus cantores preferidos, ora vaiando seus adversários, fazendo renascer os programas de auditórios radiofônicos.

Em 1967, a TV Record lançou a *Família Trapo*, escrita por Carlos Alberto de Nóbrega e Jô Soares (que também atuava como ator no programa), com os atores Ronald Golias (como Bronco, o personagem principal), Otello Zeloni, Renata Fronzi, Cidinha Campos e Ricardo Corte Real. O programa permaneceu no ar com grande sucesso até 1971.

Um dos grandes avanços tecnológicos acontecidos ainda na década de 1960 foi a inauguração da rede de micro-ondas Embratel, essencial para a criação de uma rede nacional, com programas transmitidos para todo o Brasil. Em 1969, a TV Globo inaugurou o *Jornal nacional,* primeiro programa transmitido em rede nacional.

Diversos incêndios nas principais emissoras marcaram a década de 1960. A TV Record sofreu muito com incêndios em suas instalações entre os anos de 1966 e 1971. Outros incêndios ocorreram na TV Globo em 1967, na TV Excelsior em 1968 e na TV Bandeirantes em 1969. Sem identificar os responsáveis, e principalmente com especulações pelo clima político da época, muitos incêndios eram creditados aos grupos revolucionários esquerdistas que combatiam a ditadura militar. Nesses incidentes, foram perdidos diversos materiais de arquivo como novelas, telejornais, jogos de futebol, entre outros. Esses incêndios mascaram a falta de cuidado com os acervos das emissoras e com a memória da cultura televisiva que reinou na televisão brasileira durante vários anos, e fizeram perder muitos programas das primeiras décadas da história da televisão brasileira (Rohrer, 2010).

Na década de 1970, a televisão se tornou definitivamente o maior meio de comunicação. As telenovelas alcançaram grandes audiências, enquanto programas populares, como o de Dercy Gonçalves e *O homem do sapato branco* foram retirados do ar. A Copa de 1970, ocorrida no México, foi transmitida ao vivo, mas não em cores, via Embratel. As transmissões coloridas começaram com a transmissão da Festa da Uva em Caxias do Sul (RS), em 1972. Em 1973, a TV Globo transmitiu a novela *O bem amado*, também em cores, e iniciou uma nova fase na televisão brasileira, afirmando-se definitivamente como a principal emissora do Brasil, impondo o padrão Globo de qualidade. Sua hegemonia na teledramaturgia começou com a novela *Irmãos coragem*, escrita por Janete Clair, entre 1971 e 1972, que foi um grande sucesso. Em 1973, a Globo substituiu o programa dominical de Chacrinha, que era líder de audiência, pelo *Fantástico*, mostrando ali o início de um novo capítulo na televisão brasileira. Em 1977, Walter Clark foi demitido da TV Globo por divergências com Roberto Marinho. Boni assumiu seu lugar e se tornou o grande nome da televisão durante décadas.

Enquanto a TV Globo se fortalecia, a TV Record e a TV Tupi enfraqueciam. A TV Record começou a ter dificuldades financeiras e vendeu parte de seu controle para Silvio Santos. Mais tarde, o apresentador ganharia a concessão de um canal, e não investiria tanto na Record.

A TV Tupi enfrentou sua decadência a partir da morte de Assis Chateaubriand, em 1968. A emissora começou a atrasar salários, não investiu mais em sua programação e viu seus principais artistas indo para outras emissoras, principalmente para a TV Globo. Chacrinha, em 1973, fez o caminho contrário, saindo da TV Globo e se transferindo para a TV Tupi por divergências com Boni, saindo da emissora pela falta de investimentos no seu programa e pelo atraso nos salários.

No dia 18 de julho de 1980, prestes a completar 30 anos, o governo lacrou seus transmissores, retirando a concessão para transmissão, encerrando de maneira melancólica a história da pioneira emissora. Com o fim da TV Tupi, o Governo dividiu sua concessão entre Silvio Santos e Adolpho Bloch.

Silvio Santos tentava há quase quinze anos uma concessão nacional, que finalmente chegou em 1980, após o fim da TV Tupi. O apresentador e empresário tinha conseguido, em 1975, a concessão da TVS no Rio de Janeiro. Em 1981, foi inaugurada a TVS em São Paulo, que, junto com o canal do Rio e as demais concessões espalhadas pelo país, se transformou no SBT (Sistema Brasileiro de Televisão), com um foco em programas popularescos, fazendo voltar boa parte dos programas que tinham sido extintos da televisão brasileira no final da década de 1960, como *Clube dos artistas*, *Almoço com as estrelas*, *Programa Flávio Cavalcanti* (grande rival de Chacrinha), *Programa Raul Gil* e o *Homem do sapato branco*.

A TV Manchete foi inaugurada em 1983, pelo empresário Adolpho Bloch, dono de uma das maiores revistas da época, a *Manchete*. A emissora nasceu primando pela excelência da qualidade de seus programas, tentando atingir as classes sociais mais elitizadas e objetivando ganhar a audiência da TV Globo. A emissora estreou em grande estilo, exibindo o filme inédito *Contatos imediatos de primeiro grau* (1977), dirigido por Steven Spilberg, e ganhando, na audiência da exibição, do programa *Fantástico* da TV Globo, em uma época em que os filmes do cinema demoravam mais de dez anos para serem exibidos na televisão. A TV Manchete disputou as transmissões do Carnaval carioca com a TV Globo, e também foi sempre reconhecida pela excelência de seu jornalismo e reportagens especiais.

Na década de 1980, a TV Globo chamou de volta Chacrinha, teve grande sucesso com *Os trapalhões* e o *Globo de ouro*, além de manter o sucesso das novelas com obras como *Roque Santeiro* e *Vale tudo*. Em 1989, a emissora contratou Fausto Silva, inaugurando o *Domingão do Faustão*, um programa que ficaria mais de 30 anos no ar. Faustão apresentava na TV Bandeirantes o programa *Perdidos na noite*, e era muito conhecido pela sua irreverência e improvisação, um estilo nada parecido com a programação da TV Globo até aquele momento.

Depois de uma quase falência, a TV Record foi colocada à venda por Silvio Santos e pela família Machado de Carvalho, sendo adquirida em 1989 por Edir Macedo, líder da Igreja Universal do Reino de Deus, que começava a investir na emissora, retomando o sucesso e se tornando umas das principais do país nos anos seguintes.

A década de 1980 marcou um momento de experimentações na televisão e o aparecimento de produtoras independentes, que conseguiram algum espaço em determinadas emissoras, com destaque para a TVDO (lê-se TV

Tudo) e Olhar Eletrônico. A TVDO foi criada na Escola de Comunicações e Artes (ECA) da USP, em 1979, por Tadeu Jungle, Walter Silveira, Ney Marcondes, Paulo Priolli e Pedro Vieira. O grupo fez uma série de experimentos em vídeo e conseguiram algumas oportunidades na televisão, como a TVDO, *Avesso* e *Fábrica do som,* na TV Cultura. O programa *Fábrica do som* era transmitido direto do Sesc Pompéia e apresentou para o público algumas das figuras mais importantes do rock nacional, como Titãs, Ira! e Ultraje a Rigor. Eles ainda conseguiram apresentar *Mocidade independente,* na TV Bandeirantes, e *Realidade,* na TV Gazeta. O lema da TVDO era "tudo pode ser um programa de televisão" (Mello, 2008, p. 98).

A Olhar Eletrônico também foi criada na USP, mas na Faculdade de Arquitetura e Urbanismo (FAU), como vários participantes, como Marcelo Machado, Marcelo Tas, Renato Barbieri, Tonico Mello e Fernando Meirelles. A Olhar Eletrônico foi convidada pelo jornalista Goulart de Andrade para apresentar o programa *23º hora*, com relativo sucesso que abriu oportunidades para outras experiências na TV Globo, TV Manchete e TV Cultura (Mello, 2008).

Ambas as produtoras deixaram resultados importantes na televisão brasileira, como Marcelo Tas, que apresentou o programa *CQC* da TV Bandeirantes, e *Provoca,* na TV Cultura, além de atuar em várias emissoras. Fernando Meirelles se tornou um dos maiores diretores do cinema brasileiro, com filmes como *Cidade de Deus* (2002), *Ensaio sobre a cegueira* (2008) e *Dois papas* (2019). Tadeu Jungle também é cineasta e atua na publicidade. A TV Cultura teve como diretores Pedro Silveira e Walter Silveira.

A década de 1990 começou trazendo novidades técnicas e uma expansão do mercado. Surgiram novas emissoras e foi implantado o sistema de televisão a cabo. Pouco depois, foi criada a TV+ (TV Mais), a primeira emissora de televisão por assinatura a cabo. Começaram os primeiros estudos sobre a TV digital no Brasil, que foi implantada apenas na década seguinte.

Atrações como *Você decide*, de 1993, em que o telespectador decidia o final da história apresentada pelo telefone, e *Intercine*, de 1995, no qual o telespectador escolhia quais filmes gostaria de ver no dia seguinte, são exemplos de programas que apresentaram a interatividade à televisão brasileira.

A MTV Brasil (uma parceria com a TV Abril), a primeira emissora brasileira voltada para o público jovem, surgiu em 1990 com uma programação recheada de videoclipes, shows e programas inovadores. No entanto, a TV Manchete, que prometia uma inovação na televisão, tomou o mesmo caminho da TV Tupi, e perdeu sua concessão em 1999, que foi transferida para a Rede TV, dos empresários Amilcare Dallevo Jr. e Marcelo de Carvalho. Antes de acabar, a TV Manchete conseguiu um dos seus maiores sucessos com a novela *Pantanal* (1990), escrita por Benedito Rui Barbosa e dirigida por Jayme Monjardim, que havia sido recusada na TV Globo durantes anos. Pantanal conseguiu ser líder de audiência em horário nobre, mas a administração da TV Manchete cometeu vários equívocos que fizeram a emissora ruir anos mais tarde.

A TV Globo entrou em uma briga dominical pela audiência com o SBT, marcando as tardes de domingo com Faustão contra Gugu, dois apresentadores que protagonizaram espetáculos polêmicos e sensacionalistas. O *Domingão do Faustão,* na TV Globo, exibiu o quadro "Sushi erótico", onde a pratos da culinária japonesa foram servidos sobre os corpos de mulheres nuas. Por outro lado, Gugu, em seu *Domingo legal,* apresentava nudez em seu quadro "Banheira do Gugu".

A década de 2000 começou com a popularização dos reality shows na televisão brasileira. Em 2000, TV Globo apresentou *No limite*, de propriedade da rede americana CBS e, em 2002, o *Big brother*, de propriedade da produtora holandesa Endemol, especializada em reality shows, que se tornou um grande sucesso de público e uma das principais atrações. *O Big brother Brasil,* em sua primeira temporada, em 2002, foi envolvido em uma grande polêmica com outro reality show, *A casa dos artistas*, programa levado ao ar pelo SBT em 2001. O programa apresentado por Silvio Santos tinha muitas semelhanças com o *Big brother*, uma vez que a Endemol havia apresentado o projeto do programa primeiramente para o SBT, que o havia recusado.

Em 2001, a Globo exibiu a terceira edição do *No limite*, e o SBT, sem grande alarde para o público e para o mercado publicitário, transmitiu, no mesmo horário, *A casa dos artistas,* logo depois se tornando líder de audiência, ao mesmo tempo em que recebia notificações judiciais da TV Globo e da Endemol, que processavam o SBT por plágio, vencendo o processo na

Justiça. O SBT chegou a fazer outras temporadas, sem o mesmo sucesso, mas foi impedida pela justiça de seguir adiante com o programa.

A década de 2000 não apresentou grande diversificação, com gêneros de sucesso como jornalismo, programas de auditório e programas humorísticos. As telenovelas se mantiveram como o grande sucesso da teledramaturgia brasileira, com destaque para *O clone* (2001), *Senhora do destino* (2004) e *Belíssima* (2005) da TV Globo. O SBT, a TV Record e a TV Bandeirantes também apresentaram suas telenovelas com relativo sucesso.

Outro marco da época foi o estabelecimento de programas jornalísticos sensacionalistas, como *Cidade alerta*, na TV Record, e *Brasil urgente*, na TV Bandeirantes, com conteúdo muitas vezes apelativo, transmitidos no início da noite. A exibição dos programas religiosos evangélicos, em diversos horários, incluindo o horário nobre, invadiram emissoras como a TV Bandeirantes, TV Record, TV Gazeta e Rede TV. Essas emissoras alugavam horários para as igrejas e ficavam financeiramente dependentes desse tipo de programação, mesmo não tendo grande audiência. A TV Record, emissora do bispo Edir Macedo, da Igreja Universal do Reino de Deus, também colaborou com a exibição desses programas.

A década de 2010 apresentou novos desafios para as emissoras de televisão no Brasil. Se, por um lado, os reality shows se multiplicaram, com *Big brother Brasil*, *A fazenda* e *Power couple*, por outro, a chegada do streaming fez com que a televisão repensasse suas formas de transmissão. A MTV Brasil encerrou sua parceria com a TV Abril em 2013. Em sua última década, tendo a concorrência do YouTube na preferência dos espectadores para assistir aos videoclipes dos seus artistas preferidos, a MTV Brasil investiu em comédia. Um grupo de novos humoristas na televisão criou o *Comédia MTV*, com humoristas como Marcelo Adnet, Dani Calabresa, Tatá Werneck e Bento Ribeiro, que mais tarde iriam brilhar em outras emissoras.

A concorrência com a internet e com o streaming mudaram o mercado da televisão e as produções. As fórmulas de décadas passadas precisaram brigar com um público que não tinha mais na televisão o seu meio preferido. As novelas sentiram a queda da audiência e, mesmo com sucessos como *Avenida Brasil* (2012), a TV Globo investiu mais em seu conteúdo no streaming, a Globoplay, fazendo uma parceria com a tradicional transmissão do seu canal.

A TV POR ASSINATURA

O serviço de televisão por assinatura oferece aos espectadores programas codificados, passíveis de recepção mediante o pagamento de uma taxa de adesão e assinatura mensal. Um decodificador, acoplado ao aparelho de televisão, permite a recepção livre do sinal. Portanto, TV a cabo é apenas uma modalidade de TV por assinatura na qual o transporte do sinal é feito por uma rede de cabos. Criada nos Estados Unidos na década de 1940, a TV por assinatura surgiu inicialmente para levar sinais da TV aberta a localidades que não recebessem o sinal com boa qualidade, prejudicado por interferências, sobretudo em regiões montanhosas. A solução era bem simples: em uma colina, instalava-se uma grande antena que captava os sinais televisivos das emissoras convencionais, dirigindo-os a uma pequena estação que ampliava e corrigia suas distorções. A essa estação ligava-se um cabo, que distribuía os sinais às residências de dada comunidade. Por isso, recebeu, na época, a denominação community antenna television, ou CATV, ainda hoje utilizada.

A grande reviravolta da TV por assinatura aconteceu em 1972, quando a Federal Communications Commission autorizou a entrada da TV a cabo em grandes cidades e áreas urbanas dos Estados Unidos. Uma das empresas mais conhecidas no ramo de TV por assinatura surgiu justamente naquele ano, a Home Box Office, ou HBO. Os programas preferidos dos americanos eram os filmes inéditos e as lutas de boxe, que acabaram popularizando a TV por assinatura nos Estados Unidos.

No Brasil, ainda na década de 1970, foi criada uma proposta de lei para implantar a televisão por assinatura a cabo. Em 1988, foi feito um Decreto de Lei para a modalidade em UHF e para o serviço a cabo, sendo a primeira regulamentação do setor. Apesar de alguns experimentos na década de 1980, um dos marcos do início do serviço por assinatura no Brasil começa com a TV+, canal 29 UHF de São Paulo, em 29 de março de 1989, retransmitindo o sinal do canal esportivo ESPN e de outros canais. No ano seguinte, a TV+ começou a transmitir um dos principais canais de notícias do mundo, o americano CNN; o principal canal de televisão aberta italiano, RAI; e um canal musical chamado TVM, que não deve ser confundido com a MTV. Em 1990, a TV+ passou a se chamar Super Canal, e foi vendida para a Editora Abril, que transformou a TV + na operadora TV Adigisat, a TVA.

A TVM (TV Música) surgiu em 1990, concebida pelo empresário André Dreyfuss como parte integrante de sua empresa Super Canal, pioneira no ramo de TV por assinatura no país. Foi uma das primeiras emissoras brasileiras a entrar no mercado de televisão paga. Localizada em um estúdio na avenida Paulista, sua proposta era fortemente inspirada na MTV americana, concentrando sua programação principalmente na exibição de clipes musicais adquiridos de várias produtoras, como EMI-Odeon, Ariola e BMG, além de oferecer notícias no formato de videotexto. Quando a MTV Brasil foi lançada, em outubro de 1990, a TVM optou por abrir seu sinal no canal 29 UHF em São Paulo como parte de uma estratégia promocional para o Super Canal, que também incluía a programação da ESPN (Canal+), da RAI e da CNN. No entanto, mais tarde, um acordo foi firmado com a MTV, resultando na proibição do uso da marca TVM devido à semelhança dos dois nomes.

A entrada tanto da Editora Abril quanto da Rede Globo para o setor da televisão por assinatura foi essencial para definir o mercado no Brasil nas décadas seguintes. A Editora Abril já tinha tentado uma concessão para televisão aberta, mas foi derrotada em 1981, quando foram concedidas para a TVS e para a TV Manchete. A Editora Abril foi uma das empresas que mais pressionaram pela regulamentação dos serviços da televisão por assinatura. Após o Decreto de 1988, a Abril conseguiu o canal 24 UHF, e a TV Globo, o canal 19. No entanto, a TV Globo direcionou seus esforços para a TV via satélite, a Globosat, lançada em outubro de 1991. Em 1993, a empresa investiu nos serviços de assinatura e lançou a operadora NET. Além dos dois grupos pioneiros, outros grupos de comunicação disputaram o mercado, como o RBS e o Grupo Algar.

Em 1995, foi promulgada a Lei da TV a cabo (Brasil, 1995), transformando em concessões as permissões que os canais tinham para operar e, a partir daquele momento, seriam feitas licitações para novas concessões dos canais. Em 1997, foi promulgada a Lei Geral das Telecomunicações (Brasil, 1997), designando a Anatel (Agência Nacional de Telecomunicações) como órgão regulador dos serviços de televisão por assinatura.

Em 2011, entrou em vigor a Lei da TV Paga (Brasil, 2011), que teve impacto significativo no cenário audiovisual do Brasil ao fomentar a criação de produtoras independentes. Conforme essa lei, todos os canais de televisão por assinatura são obrigados a exibir no mínimo três horas e meia de conteúdo brasileiro por semana, durante o horário nobre. Outro ponto importante é a oferta nos pacotes de TV por assinatura, que devem oferecer no mínimo dois canais com 12 horas diárias de conteúdo audiovisual brasileiro independente. Essa medida visava promover o conhecimento e a valorização da produção e da cultura nacional, e tem um impacto positivo na produção nacional. A Lei revoga a legislação específica para TV a cabo e unifica a regulamentação de TV por assinatura pelo tipo de serviço prestado (serviço de acesso condicionado), seja qual for a tecnologia de distribuição de sinais (satélite, cabo ou micro-ondas).

A TV DIGITAL NO BRASIL: MERCADO, CONSUMO E PRODUÇÃO

O surgimento da TV digital foi impulsionado pelo desenvolvimento da chamada televisão de alta definição, conhecida como HDTV, sigla em inglês de high-definition television, no Japão e na Europa. Ainda na década de 1970, no Japão, surgiram os primeiros experimentos da emissora NHK em busca de uma televisão de alta qualidade. Mais tarde, na década de 1990, nos Estados Unidos, a Comissão Federal de Comunicação estabeleceu as diretrizes para a utilização da tecnologia digital, e, em 1996, foi adotado o padrão Advanced Television Systems Committee (ATSC).

Na Europa, também na década de 1990, tiveram início vários estudos para o desenvolvimento da televisão digital. Em 1993, foi criado do (Digital Video Broadcasting (DVB), que realizava uma pesquisa sobre a viabilidade de implantação da televisão digital terrestre na Europa, com o objetivo de desenvolver um sistema digital único em vários países. No Japão, em 1995, foi criado o (Advanced Digital Television Broadcasting Laboratory

(ADTV-LAB), objetivando digitalizar todas as transmissões de televisão no país. Vários outros estudos foram realizados com a participação do governo, das emissoras e da indústria, e, em 1999, foi criado o Integrated Services of Digital Broadcasting (ISDB), padrão japonês para a TV digital.

Os primeiros estudos sobre TV digital no Brasil remontam à década de 1990, de forma tímida. No início da década de 2000, começaram as discussões sobre as formas de digitalizar a televisão em nosso país. Em 2003 o Governo Federal autorizou a realização de pesquisas nas universidades para a criação de um padrão brasileiro, o Sistema Brasileiro de Televisão Digital (SBTVD). Inicialmente, houve uma grande disputa sobre qual seria o padrão adotado, americano, europeu ou japonês, sendo este o padrão escolhido por oferecer algumas vantagens.

Em 2006, foi estabelecido o Decreto nº 5.820 (Brasil, 2006), resultando na criação do Sistema Brasileiro de TV Digital Terrestre (SBTVD-T), modelo nipo-brasileiro, e a criação do Middleware Ginga – um padrão aberto do Sistema Nipo-brasileiro de TV Digital (ISDB-TB). No dia 2 de dezembro de 2007, foram iniciadas as transmissões da TV Digital no Brasil, para toda a região metropolitana da cidade de São Paulo, recebendo novos recursos como qualidade HD (resolução 1920 x 1080), áudio multicanal, acessibilidade e interatividade.

A televisão digital não é apenas a evolução da tradicional televisão analógica, mas uma transformação de uma nova plataforma de comunicação, uma nova mídia que quebra vários paradigmas da televisão analógica, ampliando a interatividade (Montez; Becker, 2005).

A nova tecnologia de televisão digital permite a interatividade com o telespectador, alterando a forma de assistir televisão que havia se estabelecido por décadas com a televisão analógica. Além da interatividade, a televisão digital permite a navegação pela internet, a compra digital e o acesso a conteúdos e programas sob demanda. O sinal de transmissão pode ser comprimido com outros sinais e, no receptor, esse conjunto de sinais é descomprimido e convertido para o telespectador.

Uma das maiores vantagens da transmissão da televisão digital em relação à transmissão da televisão analógica é a ausência de perda da qualidade do sinal durante a transmissão. Ressalta-se que a transmissão digital oferece uma recepção de alta qualidade, mas exige condições de cobertura mais críticas em relação ao sistema analógico para funcionar corretamente. Em transmissões analógicas para áreas distantes, com vários obstáculos durante o caminho, pode haver grande interferência na recepção, com a imagem chegando com chuviscos. No entanto, essas mesmas áreas podem não receber nenhum sinal de TV se o sistema digital utilizado não tiver alta força, ou seja, se não for configurado corretamente. A transmissão digital é binária, ou seja, a recepção pode ser excelente ou não haver recepção, sem estágios intermediários.

Enquanto as transmissões analógicas de televisão dependem do envio de sinais que instruem o canhão de elétrons sobre como preencher as linhas da tela, há uma tendência à degradação desses sinais durante a transmissão. Isso ocorre devido a interferências e distorções que podem surgir ao longo do caminho, afetando diretamente a qualidade da imagem vista pelos telespectadores.

Por outro lado, os dispositivos digitais transmitem a mesma informação de forma diferente, convertendo-a em sequências de bits, ou seja, linhas de dados compostas por zeros e uns. Esses sinais digitais são mais robustos em relação a interferências, pois possuem mecanismos de correção de erros e podem ser regenerados com maior precisão. Como resultado, a imagem exibida em um aparelho digital tende a ser muito mais nítida e livre de artefatos em comparação com as transmissões analógicas. Essa vantagem da tecnologia digital tem sido fundamental para a melhoria da experiência televisiva, proporcionando aos espectadores uma qualidade visual superior e mais consistente.

O avanço acelerado das plataformas digitais e da distribuição de conteúdo é impulsionado por três fatores principais: mudanças nos hábitos de consumo, disponibilidade de tecnologia e o aumento exponencial da produção de mídia, facilitada por recursos mais acessíveis. Isso abre caminho para uma oferta personalizada de conteúdo. Além disso, as plataformas digitais de alcance global se destacam como o principal meio para disseminar esse conteúdo, muitas vezes com modelos de monetização próprios.

Esses fatores estão reconfigurando o ecossistema, resultando no surgimento de novos modelos de negócios, como várias OTTs (serviços de mídia que distribuem conteúdo pela internet), que atuam como agregadores de conteúdo ao vivo ou sob demanda, negócios DTC (direto ao consumidor) e vMVPDs (aplicativos virtuais que oferecem distribuição similar à TV por assinatura), apresentando alternativas com pacotes de canais ou conteúdo direcionado para nichos específicos.

As redes de televisão brasileiras, em consonância com as americanas e europeias, estão adotando esses novos modelos de negócio, seja por iniciativa própria ou por meio de parcerias, adaptando seu conteúdo tradicional aos novos hábitos de consumo, oferecendo transmissões ao vivo pela internet ou conteúdo sob demanda, e implementando estratégias de comercialização diferenciadas.

Apesar das mudanças na televisão tradicional e do surgimento de novas tecnologias, o consumo desse meio de comunicação permanece robusto. A televisão oferece uma ampla gama de conteúdo, incluindo notícias, documentários, programas de entretenimento e eventos esportivos ao vivo, estabelecendo-se como uma fonte confiável de informação.

Embora enfrente uma competição crescente com as redes sociais, os portais de notícias on-line e os serviços de streaming, a televisão ainda é uma opção acessível de entretenimento, especialmente para aqueles sem acesso à internet de alta velocidade. Apesar da concorrência acirrada, a televisão continua sendo uma das principais fontes de informação e entretenimento para milhões de pessoas ao redor do mundo.

À medida que a tecnologia continua a avançar, o futuro da televisão permanece incerto. No entanto, muitos especialistas acreditam que ela continuará se adaptando às mudanças tecnológicas, oferecendo conteúdo em resoluções mais elevadas e integrando-se aos dispositivos móveis. Independentemente das transformações, a televisão continuará a desempenhar um papel essencial na vida das pessoas, fornecendo entretenimento e informação para uma audiência global.

ARREMATANDO AS IDEIAS

A história da televisão brasileira começou em 18 de setembro de 1950, com a inauguração da TV Tupi, fundada por Assis Chateaubriand em São Paulo, a primeira emissora de televisão da América Latina. Nas décadas seguintes, outras emissoras importantes surgiram, como a TV Record, TV Excelsior e, mais tarde, a Rede Globo, que se tornaria a maior e mais influente rede de televisão do país.

A televisão brasileira rapidamente se consolidou como um dos principais meios de comunicação, trazendo inovações e criando um estilo próprio, especialmente nas áreas de teledramaturgia e jornalismo. Novelas como *Beto Rockfeller* (1968), da TV Tupi, e *Roque santeiro* (1985), da Rede Globo, marcaram época e são exemplos do impacto cultural e social das produções nacionais.

Ao longo dos anos, a televisão brasileira passou por diversas mudanças tecnológicas, como a transição do preto e branco para o colorido na década de 1970. Com a entrada no século XXI, a televisão brasileira enfrentou o desafio da digitalização. Em 2007, tiveram início as transmissões de TV digital, que proporcionaram melhor qualidade de imagem e som, além de novos recursos interativos. A transição do sinal analógico para o digital foi concluída em 2018 nas principais regiões metropolitanas.

Atualmente, a televisão brasileira se adapta às novas tecnologias e aos hábitos de consumo, integrando-se com plataformas digitais e serviços de streaming. A produção de conteúdo continua a ser diversificada e relevante, refletindo a complexidade e a riqueza da cultura brasileira. Mesmo com a concorrência da internet, a televisão permanece como um dos principais meios de entretenimento e informação no país, e continua a ser um meio relevante, adaptando-se às novas plataformas e ao consumo de conteúdo *on demand*, mantendo-se como um importante veículo de entretenimento e informação para milhões de brasileiros.

CAPÍTULO 7

Impacto cultural do streaming na indústria audiovisual

Para toda uma geração que passou boa parte da vida comprando CDs e DVDs, alugando filmes em locadoras ou aguardando ansiosamente a exibição de um programa na televisão, os serviços de streaming podem parecer um pouco sem emoção. No entanto, é inegável que, uma vez acostumados com a praticidade, é difícil retornar aos hábitos antigos.

O streaming é uma inovação tecnológica que permite a transmissão de dados em tempo real via internet. Diferentemente dos downloads e uploads tradicionais, o streaming fornece som, vídeo ou outras informações multimídia diretamente ao usuário, sem a necessidade de baixar o arquivo completo. Dessa forma, um usuário pode usufruir de música ou vídeo on-line em seu computador, celular ou outros dispositivos sem ocupar a memória do aparelho. A transmissão e recepção dos conteúdos do serviço de streaming depende da largura de banda disponível.

No mercado atual, vários serviços sob demanda, como Netflix, Amazon Prime, Globoplay e Spotify, tornaram-se populares, especialmente no Brasil, diversificando o universo do entretenimento e inaugurando uma nova era de consumo de mídia. Com a transmissão on-line, é possível desfrutar de entretenimento on demand, assistindo ao que desejamos no momento mais conveniente. Além disso, as principais plataformas de serviços de streaming oferecem planos que incluem filmes, séries e canais digitais, proporcionando uma ampla variedade de conteúdo para os usuários.

A ERA DO STREAMING E A ASCENSÃO DAS PLATAFORMAS DE VÍDEO SOB DEMANDA

A história do streaming remonta aos primórdios da internet, quando a transmissão de vídeo e áudio era limitada pela capacidade de banda disponível para os usuários. Na década de 1990, com a popularização dos computadores e da internet, tornou-se comum o hábito de consumir áudio e vídeo, não apenas em aparelhos destinados para o consumo, como televisão, rádio, videocassetes e CD players, mas também nos computadores.

O streaming é um método de distribuição de informações multimídia em uma rede por meio de pacotes de dados. O avanço da internet de banda larga foi fundamental para tornar viável e popularizar o streaming, permitindo ao usuário o consumo de conteúdos sem a necessidade de fazer download dos arquivos, já que esses são armazenados em servidores e acessados sob demanda.

O nome "streaming" deriva da palavra inglesa *stream*, em português, pacote, pois o computador recebe as informações de áudio ou vídeo em forma de pacotes para serem remontados e exibidos aos usuários. O streaming pode ser realizado ao vivo, quando o usuário recebe o sinal em tempo real da transmissão, ou *on demand*, quando o arquivo fica disponível para o usuário apreciar quando preferir (Ávila, 2008).

Assim, a convergência entre televisão e internet deu origem ao fenômeno conhecido como televisão transmídia. Esse termo, se refere à adoção da produção transmídia pela indústria televisiva, impulsionada pela digitalização da TV, pela integração de diversas plataformas na cadeia criativa e pela possibilidade de interação do espectador com o conteúdo (Fechine, 2013).

O streaming, sem dúvida, emerge como uma das tecnologias centrais dessa convergência, juntamente com o advento da internet de banda larga. O grande desafio que tanto os produtores de conteúdo audiovisual (emissoras, produtoras, estúdios) quanto as empresas ligadas à tecnologia da informação enfrentavam era fazer uma transmissão ao vivo pela internet, mesmo com baixa qualidade das imagens. A primeira empresa a viabilizar as transmissões foi a Progressive Networks (posteriormente conhecida como RealNetworks), quando lançou o RealAudio, em 1995, e o RealVideo, em 1997. Pelo site da empresa, era possível fazer transmissões de áudio on-line, em formatos mais compactos e leves, mas com a qualidade inferior ao oferecido pelo rádio. Era uma nova maneira de receber áudios pela internet utilizando pouco a banda larga, que era muito cara naquele momento.

Ainda em 1995, a RealAudio transmitiu um jogo de beisebol pela internet, ao vivo. Com essa transmissão, começou a procura de outras formas de compartilhamento de arquivos de áudio e imagem, em formatos como AAC, MOV, MP3 e MP4, e alguns ainda são utilizados. Todavia, após o sucesso inicial, a empresa enfrentou diversas dificuldades com a concorrência das gigantes Apple e Microsoft, que ofereciam serviços de transmissão de forma gratuita, e com o surgimento de softwares como IBM Bamba, Streamworks, Destiny e VDO.

No dia 14 de dezembro de 1996, o cantor Gilberto Gil marcou um momento histórico brasileiro ao lançar a música "Pela internet" por meio de streaming. A transmissão ocorreu em um dos escritórios da Embratel, localizado no Rio de Janeiro. Na época, centenas de cabos foram instalados para montar o cenário, e a transmissão foi feita pelo software IBM Bamba (Segura, 2017).

Na década de 2000, com a disponibilidade de conexões de alta velocidade, as pessoas passaram a ter acesso a uma variedade de conteúdos on-line, o que impulsionou o surgimento de plataformas como o YouTube e Netflix. Na indústria da música, essa mudança foi ainda mais drástica, com a ascensão do streaming como principal meio de consumo. Serviços como Spotify e Apple Music rapidamente dominaram o mercado, substituindo os modelos de compra de músicas individuais. As empresas do setor precisaram ajustar suas estratégias para se adaptar a esse novo modelo de receita baseado em assinaturas, buscando formas de oferecer conteúdo atrativo aos usuários dentro dessas plataformas.

O CONSUMO DO STREAMING: TRANSFORMAÇÕES NOS MODELOS DE NEGÓCIOS E NA PRODUÇÃO DE CONTEÚDO

O crescimento avassalador do streaming é uma transformação radical de como consumimos e produzimos conteúdo. Essa tendência, inicialmente centrada na promessa da praticidade e diversidade, se reconfigurou para uma transformação na experiência do entretenimento.

O streaming é caracterizado pela transmissão contínua de arquivos de áudio ou vídeo de um servidor para um cliente. Em sua essência, representa a experiência na qual os consumidores assistem a programas de televisão, filmes ou transmissões esportivas ou, ainda, ouvem podcasts em dispositivos conectados à internet. Ao analisar as dimensões dessa revolução, entramos nos complexos níveis que apresentam o presente e o futuro da indústria do entretenimento em constante mudança.

A chegada da era digital significou uma mudança nas formas como nos relacionamos com as mídias e o entretenimento. O streaming apareceu como um ponto primordial nesse novo cenário, oferecendo uma alternativa à programação linear (principalmente da televisão e do rádio tradicional) e ao consumo de mídia física. A mudança do mercado no consumo e na produção de DVDS, Blu-rays e CDs (assim como havia acontecido com os discos de vinil, as fitas cassete e VHS), que antes eram destaque nas casas dos apreciadores de cinema e música e que pouco a pouco foram migrando para as plataformas de streaming, representa uma transformação significativa em um mercado em que a conectividade com a internet é primordial para o consumo de conteúdo.

A era do streaming se apresenta não apenas como uma nova maneira de consumir o conteúdo, mas também nas diversas opções de plataformas que oferecem os mais diferentes programas, como Netflix, Amazon Prime, Paramount, Disney Plus, Apple TV, HBO Max, que competem entre si mas também estimulam a produção de novas narrativas, das mais diversas. A variedade de gêneros e de conteúdo que antes eram de difícil acesso, como as produções da Coréia e da Turquia, tornam-se acessíveis, bastando apenas o usuário assinar o seu serviço de streaming preferido para acessar uma grande variedade de entretenimento.

O fácil acesso à internet por meio dos dispositivos móveis, como smartphones e tablets, oferece ao usuário formas diferentes de consumir esses conteúdos. As redes sociais auxiliam na aproximação dos usuários com os produtores de conteúdo (emissoras, estúdios, profissionais) e de outros fãs e críticos. Assim, o usuário assume um protagonismo maior nessa experiência e na forma de consumir, muito mais ativa do que antes, quando se assistia à televisão ou se ouvia rádio de forma passiva. As empresas, atentas a esse novo comportamento, desenvolveram aplicativos para uma segunda tela, aproveitando da experiência do usuário.

A ASCENSÃO DAS PLATAFORMAS DE ÁUDIO SOB DEMANDA E A INDÚSTRIA MUSICAL

Quando falamos do consumo de áudio e música até a década de 1990, nos referimos sempre ao rádio como o grande meio de comunicação e às mídias físicas, como os discos de vinil (LPs), as fitas cassete e os CDs. Uma mudança significativa na maneira de consumir mídias de áudio aconteceu em 1999, com o surgimento do Napster, uma empresa que criou um serviço de compartilhamento de arquivos de músicas no formato digital MP3, de forma totalmente gratuita. A chegada do Napster alterou não apenas os modos como os usuários consumiam músicas, mas toda a indústria fonográfica e musical. Com rápida popularização, em seu auge, o Napster tinha mais de 70 milhões de seguidores e começou a incomodar setores da indústria musical e alguns artistas.

As principais gravadoras, como Sony e Warner, brigaram de forma significativa com a empresa, sob a alegação de que o Napster não respeitava os direitos autorais. Em abril de 2000, a banda americana de heavy metal Metallica acusou o Napster na justiça por violação dos direitos autorais depois de descobrir que uma de suas músicas, "I disappear", que seria tema do filme *Missão impossível II,* estava disponível no Napster mesmo antes do seu lançamento oficial.

Depois do Metallica, outros artistas e gravadoras processaram o Napster. Após quase dois anos de disputas, a plataforma foi fechada em 2001. Anos mais tarde, em 2011, o Napster foi comprado pela Rhapsody. Apesar do seu fechamento, o Napster deixou um legado, auxiliando na popularização do formato de áudio MP3. O compartilhamento de arquivos digitais não parou de crescer, conquistando o público e mudando a forma de ouvir e acessar música, abrindo espaço para o surgimento de plataformas como Grokster, Kazaa, Morpheus, LimeWire, AudioGalaxy, eMule, ampliando as opções de serviços e músicas e solidificando esse novo hábito, mesmo sem ter o mesmo impacto que o Napster.

Por outro lado, vários usuários gostariam de adquirir a discografia completa de seu artista favorito ou todas as músicas de um CD, e não apenas uma, ou apenas a mais famosa do álbum. Foi pensando nesse hábito que um adolescente na Suécia, aficionado por música e inspirado pelo Napster, criou o Spotify, revolucionando novamente o mercado musical.

A vitória da banda Metallica e da indústria fonográfica em 2001 não mudou em nada o hábito de compartilhar músicas ou, ainda, os números de downloads gratuitos. De certa forma, a publicidade gerada pelo processo estimulou a procura pelos serviços. Podemos analisar que o caminho mais assertivo seria a parceria entre os artistas e o Napster, com o objetivo de criar uma alternativa, como aconteceu anos mais tarde com o iTunes. Ao contrário, a circulação da música pela internet sem controle apenas aumentou.

O iTunes, loja de filmes, músicas e podcasts da Apple, nasceu em 2001, desempenhando um papel crucial na transformação da indústria musical, especialmente com o advento do iPod. Embora o iPod ainda exista e tenha sido recentemente atualizado, o iPhone se tornou o carro-chefe de vendas da Apple, enquanto as vendas do iPod diminuíram consideravelmente desde que Steve Jobs, um dos fundadores da Apple, integrou as funcionalidades do iPod, um dispositivo de rede e um telefone celular no iPhone.

O iTunes foi fundamental na transformação da indústria da música, tornando mais fácil o acesso a faixas individuais. Em vez de comprar um CD inteiro, os usuários podiam adquirir uma única música por uma fração do preço do álbum. A capacidade de criar playlists personalizadas para o iPod era uma característica amplamente valorizada pelos usuários. Com o tempo, o iTunes expandiu suas funcionalidades para incluir filmes e livros, que poderiam ser adquiridos e armazenados em uma biblioteca digital, acessível apenas por dispositivos da Apple.

O Spotify se tornou o maior serviço de streaming de música do mundo. Lançado em 2008, dois anos após a fundação da empresa por Daniel Ek e Martin Lorentzon, a plataforma foi essencial na transformação da indústria musical, que enfrentava desafios significativos devido à pirataria. Daniel Ek teve a ideia de oferecer uma alternativa mais conveniente ao download ilegal de músicas (como os serviços derivados do Napster) ao mesmo tempo que compensaria os artistas e a indústria musical. A proposta se popularizou rapidamente, resultando em acordos com as maiores gravadoras do mercado, como Universal Music, Sony BMG, EMI Music e Warner Music Group.

No Spotify, os usuários têm acesso a uma ampla variedade de recursos, incluindo playlists e rádios personalizadas, podem descobrir quais músicas estão em alta entre os assinantes, criar suas próprias coleções de músicas e seguir as coleções de amigos e artistas. Desde 2019, o Spotify veio se expandindo para se tornar uma plataforma de podcasts, oferecendo uma grande diversidade de programas exclusivos em sua biblioteca. Durante a década de 2010, as plataformas de streaming de música se destacaram, proporcionando aos usuários acesso a um amplo catálogo de músicas em dispositivos móveis e computadores.

DICA

Para entender um pouco do que foi essa briga, dois documentários podem ajudar:

- *Downloaded – a saga do Napster* (2013), que mostra toda a trajetória do programa.

- *Some kind of monster* (2004), um filme que tinha como objetivo mostrar o renascimento do Metallica e a produção do controverso álbum *St. Anger*, de 2003.

STREAMING E A TRANSFORMAÇÃO AUDIOVISUAL

Entre as décadas de 1980 e 2000, era comum que os apreciadores do cinema recorressem às locadoras físicas para escolher entre as diversas ofertas filmes. Em 1985 surgiu, em Dallas, a empresa Blockbuster, que dominou o mercado de locadoras. A empresa começou oferecendo mais de 8 mil títulos, entre filmes e jogos, aproveitando um cenário promissor com o aumento da presença de videocassetes nos lares americanos. David Cook, reconhecido como um empreendedor visionário, utilizou a tecnologia a seu favor ao implementar sistemas informatizados de gestão de estoque e aluguel, tornando o processo mais eficiente. Como resultado, a Blockbuster expandiu rapidamente, tornando-se uma rede de dezenove lojas em apenas dois anos.

Cook se concentrou na melhoria da experiência do cliente, transformando as lojas em espaços amplos com atendimento personalizado e uma vasta seleção de títulos, além de oferecer produtos complementares. Essa abordagem provou ser um sucesso imediato e, em 1987, Cook vendeu a empresa para o magnata Wayne Huizenga. Sob a liderança de Huizenga, a

Blockbuster iniciou um ambicioso plano de expansão internacional, adquirindo diversas redes de lojas e se tornando a principal cadeia de vídeo dos Estados Unidos em 1988, com cerca de quatrocentas lojas. O crescimento da empresa continuou em ritmo acelerado, atingindo a impressionante marca de 4.500 lojas após ser adquirida pela gigante da mídia Viacom, em 1994.

Enquanto a Blockbuster consolidava sua presença, surgiu um concorrente, a Netflix. Fundada em 1997 como um serviço de entrega de DVDs pelo correio, a Netflix logo se destacou pela conveniência e inovação, sendo que em seu início oferecia serviços de aluguel de DVDs, e só depois migrou para a área de streaming, oferecendo algumas séries e filmes. A empresa se mostrou visionária ao reconhecer o potencial dos DVDs, que eram compactos e leves, possibilitando o envio rápido de filmes pelo correio, prática inovadora na época. Antes disso, a forma predominante de assistir vídeos em casa dependia de fitas de videocassete, que eram mais volumosas e seu envio pelo correio era impraticável. No entanto, o crescimento inicial da Netflix foi lento, uma vez que enfrentava forte concorrência de locadoras locais já estabelecidas e de gigantes do mercado, como a Blockbuster.

O grande avanço ocorreu com o lançamento do serviço de streaming da Netflix em 2007. Essa iniciativa revolucionária permitiu que os assinantes acessassem séries e filmes diretamente de seus computadores pessoais, reduzindo drasticamente a dependência dos DVDs e do serviço postal. A compreensão do potencial disruptivo da tecnologia por parte dos executivos da Netflix foi fundamental para impulsionar o sucesso da empresa nesse novo cenário. Ao Brasil, a Netflix chegou em 2011.

Em 2000, os fundadores da Netflix se encontraram com o CEO da Blockbuster, John Antioco, oferecendo vender a empresa por US$ 50 milhões, mas a proposta foi rejeitada. Enquanto a Netflix continuava a expandir rapidamente, a Blockbuster enfrentava desafios crescentes. Enquanto em 2007 a Netflix deu um passo crucial ao lançar sua própria plataforma de streaming, a Blockbuster, incapaz de se adaptar à mudança tecnológica, entrou em falência em 2010 e foi adquirida pela Dish Network em 2011, em um leilão.

Paralelamente, surgiram novos serviços de streaming de vídeo, como Hulu e Twitch, que ofereciam conteúdo exclusivo e transmissões ao vivo de jogos e eventos esportivos. O surgimento das plataformas de streaming revolucionou a maneira como as pessoas consomem filmes e programas de televisão. Com a possibilidade de assistir a conteúdo sob demanda e sem interrupções comerciais, essas plataformas se tornaram uma alternativa popular à TV a cabo e aos cinemas convencionais.

Um dos principais pontos com que as plataformas de streaming transformaram os mercados de cinema e vídeo foi o aumento do acesso ao conteúdo. Ao contrário das opções tradicionais de visualização, essas plataformas oferecem acesso a uma ampla variedade de conteúdos de todo o mundo. Isso significa que os espectadores podem desfrutar de programas e filmes que talvez não estejam disponíveis em seu país ou região.

Além disso, as plataformas de streaming estão investindo em conteúdo original. Esses programas e filmes exclusivos ajudam a diferenciar as plataformas de seus concorrentes e a criar lealdade dos usuários. Os conteúdos originais também permitem que as plataformas gerem receita adicional por meio da venda de licenças para outras empresas, como as emissoras de televisão.

Outra maneira pela qual as plataformas de streaming estão mudando o mercado do cinema e vídeo é a mudança na distribuição de conteúdo. Antes, os filmes e programas de televisão eram lançados em cinemas e na televisão, com um grande intervalo de tempo entre cada lançamento. Hoje, as plataformas de streaming estão lançando programas e filmes diretamente em suas plataformas, sem a necessidade de um intermediário.

Por outro lado, as plataformas de streaming trouxeram desafios para os tradicionais estúdios de cinema. Com a possibilidade de assistir a filmes em casa, muitos espectadores estão optando por isso em vez de ir ao cinema. Como resultado, as empresas de cinema estão se esforçando para criar maneiras de atrair espectadores, como a oferta de eventos ao vivo e a melhoria da qualidade do som e da imagem.

Nos últimos anos, testemunhamos uma revolução no cenário cinematográfico, conforme os serviços de streaming entraram na corrida pelo cobiçado Oscar, o prêmio mais importante do cinema mundial. De início, as regras favoreciam apenas os tradicionais estúdios cinematográficos e suas produções, mas, com as alterações nas regulamentações, tornou-se possível que filmes produzidos pelas plataformas de streaming concorressem ao tão sonhado troféu.

A Academia de Artes e Ciências Cinematográficas (Academy of Motion Picture Arts and Sciences) criou regras como a exigência de exibição em cinemas da cidade de Los Angeles por uma semana, para que um filme pudesse concorrer ao Oscar, porém, com o passar do tempo e o número e a qualidade das produções vindo do streaming, a Academia teve que mexer nas regras. Com a pandemia de covid-19 em 2020, a ampliação do número de filmes das plataformas de streaming foi ainda maior.

As plataformas de streaming não apenas se adaptaram às regras existentes, mas também desafiaram as condições, investindo em produções cinematográficas de alta qualidade. Ao lançar suas próprias produções, essas plataformas enfrentaram o desafio de convencer o público e a crítica de que suas obras mereciam um lugar de destaque na prestigiada premiação. Esse esforço foi evidente nas mudanças nas regras do Oscar, que desde 2021 aceita tais lançamentos como uma alternativa válida às tradicionais exibições no cinema.

O primeiro filme produzido por streaming que poderia ser indicado ao Oscar foi *Beasts of no nation* (2015), produzido pela Netflix. A obra foi indicada para Melhor Ator Coadjuvante (Idris Elba) no Globo de Ouro, entretanto foi esnobada na principal premiação da indústria cinematográfica americana. Este era um momento em que se acreditava que as produções das plataformas digitais nunca seriam agraciadas com prêmios tão importantes, fossem eles americanos ou estrangeiros (Cannes, Sundance, entre outros).

Em 2017, o filme *Manchester à beira-mar* (2016), dirigido por Kenneth Lonergan, recebeu várias indicações ao Oscar, incluindo a de melhor filme, e abriu a possibilidade de mudanças. Ressalta-se que esse filme não foi produzido diretamente por um serviço de streaming, mas pela Amazon Studios.

Em 2018, com o lançamento do filme *Roma* (2018), dirigido pelo diretor mexicano Alfonso Cuarón, a indústria do cinema e do streaming mudariam definitivamente, pois, além de mostrar a relevância do streaming, conseguiu mudar a percepção de todos, tornando a Netflix uma produtora no nível dos tradicionais estúdios e aclamada por críticos e pelo público. *Roma* foi aplaudido pela direção decisiva de Cuarón, além de ter sido elogiado pela fotografia, pelo roteiro e pelas atuações, sendo premiado em diversos festivais, incluindo os prêmios de melhor diretor, melhor fotografia e melhor filme internacional no Oscar.

O sucesso de *Roma* contribuiu para a valorização dos filmes de streaming, demonstrando que plataformas como Netflix, Apple TV e Amazon Prime poderiam produzir obras de alta qualidade. Depois desse filme, diversos outros realizados pelas plataformas concorreram ao Oscar, entre eles *O irlandês* (2019), de Martin Scorsese, produzido pela Netflix, e *No ritmo do coração* (2021), da Apple TV, sendo que este ganhou o prêmio de melhor filme no Oscar de 2022.

As mudanças nas regras iniciais demonstram uma adaptação necessária às transformações tecnológicas e às novas formas de consumo de conteúdo audiovisual. Ao desafiar as normas estabelecidas, o streaming conquistou seu espaço e elevou significativamente o padrão de qualidade e criatividade das produções nos últimos anos. O mercado tradicional ficou alerta e percebeu que existe concorrência. Ao mesmo tempo, as plataformas digitais entenderam que precisam dominar a forma de fazer e divulgar suas obras.

As plataformas de streaming também estão mudando os hábitos de consumo dos espectadores. Com a possibilidade de assistir a filmes e programas de televisão a qualquer hora e em qualquer lugar, muitos espectadores estão optando por acessar os conteúdos em seus smartphones ou tablets, em vez de na televisão ou no cinema. Essa mudança está alterando a forma de criar esses conteúdos.

Ao oferecerem acesso a uma vasta gama de conteúdo sob demanda e sem interrupções comerciais, os serviços de streaming estão criando oportunidades de receita para o setor cinematográfico e de vídeo. Contudo, estão apresentando também desafios inéditos para as empresas cinematográficas tradicionais, que precisam ajustar suas estratégias para se manterem competitivas.

TRANSFORMAÇÕES NOS MODELOS DE NEGÓCIOS E PERSONALIZAÇÃO DO CONTEÚDO

A personalização se tornou a peça central na era digital, principalmente com os serviços das plataformas de streaming. Algoritmos avançados analisam padrões de visualização e preferências, oferecendo recomendações que buscam antecipar os desejos do espectador. Na Netflix, por exemplo, os usuários podem adicionar diversos filmes, séries e documentários às suas listas para assistir posteriormente. Além disso, a Netflix filtra os tipos de conteúdo que o usuário mais consome, selecionando alguns para destacar nas telas e exibindo mais propagandas relacionadas a esses gêneros. Esse exemplo se aplica às principais plataformas de streaming.

Essa personalização vai além do conteúdo, abrangendo também a interface do usuário e as opções de visualização. Agora, o espectador assume o papel principal em sua experiência de entretenimento, impulsionando o avanço de toda a indústria de streaming devido à facilidade, flexibilidade e versatilidade dos serviços oferecidos.

As maiores plataformas de streaming, como Amazon Prime Video, Netflix e Disney Plus se destacam por investirem bilhões de dólares em produções originais e adquirindo direitos de distribuição altamente disputados. O mundo do streaming é repleto de aventuras e altamente competitivo. O streaming não apenas molda a indústria, mas também deixa sua marca na cultura e na sociedade. A capacidade de acessar conteúdo a qualquer hora e em qualquer lugar alterou os padrões de consumo, influenciando como os indivíduos se conectam com o mundo ao seu redor.

Os fenômenos culturais agora têm uma via de disseminação instantânea, transcendendo fronteiras geográficas e culturais, uma vez que filmes, séries e documentários podem ser assistidos de qualquer lugar do mundo, impactando a cultura e a sociedade. Enquanto o streaming oferece um vasto campo para a criatividade, também levanta questões sobre o impacto na qualidade e na originalidade das produções. Com algoritmos on-line impulsionando decisões de conteúdo, há o risco de fórmulas previsíveis dominarem a criação, em detrimento da inovação artística.

O delicado equilíbrio entre atrair grandes audiências e preservar a autenticidade artística é uma batalha constante. Com muitas plataformas de transmissão e uma abundância de obras para assistir, a cultura e a arte são desafiadas pela autenticidade, já que muitos filmes são alterados em sua imagem ou conteúdo. O streaming enfrenta desafios éticos, uma vez que o crescente volume de dados exigido para sustentar as plataformas de transmissão suscita preocupações relacionadas à privacidade e segurança.

O streaming teve um impacto significativo em organizações de várias indústrias, transformando a forma como as pessoas consomem conteúdo e serviços. A Disney, por exemplo, começou a explorar novas formas de narrativa, incluindo o uso de realidade aumentada e outras tecnologias. A adoção do streaming no mercado provocou mudanças significativas na indústria do entretenimento, impactando especialmente a produção, distribuição e o consumo de produtos audiovisuais. A televisão linear, no formato broadcasting, foi uma das áreas mais afetadas por essa transformação.

As plataformas de streaming desencadearam uma verdadeira revolução no consumo de produtos audiovisuais. As características principais incluem a autonomia e o controle do usuário, a oferta de produções exclusivas, conteúdos diversificados e atualizados, acessibilidade de preços e distribuição em várias plataformas. Uma das estratégias distintivas da Netflix é lançar temporadas completas de suas séries originais, desafiando o modelo tradicional de distribuição televisiva e proporcionando aos espectadores a liberdade de assistir a uma série inteira de uma só vez. Esse método contrasta com a exibição semanal tradicional na televisão, transformando a experiência de visualização. Não há mais a espera semanal pelo próximo episódio, permitindo aos espectadores imergirem na narrativa de uma vez. Além disso, a Netflix utiliza extensivamente dados sobre os hábitos de consumo de milhões de usuários para recomendar programas de televisão, séries e filmes personalizados, impulsionando ainda mais o sucesso da plataforma ao oferecer uma experiência personalizada e de interesses individuais para cada usuário.

Nos últimos anos, a televisão passou por uma reconfiguração em seu modelo de negócios e em suas vertentes de atuação. A introdução da televisão paga resultou em um aumento no número de emissoras e na variedade de canais e produtos audiovisuais, levando à segmentação da audiência. Com a diversidade de canais, a migração de conteúdos entre mídias e a proliferação de telas em dispositivos móveis, o público está se tornando cada vez mais autônomo e fragmentado. Enquanto o modelo de comunicação broadcasting da televisão perdeu força, ele se tornou mais abrangente devido à miniaturização e mobilidade das telas. Surgiram também as Smart TVs, e os conteúdos televisivos passaram a ser oferecidos sob demanda.

O streaming, como produto da convergência midiática, trouxe mudanças e dinamismo às esferas da convergência corporativa e alternativa, levantando questões emergentes como a produção de séries exclusivas, a autonomia no consumo de conteúdos, a disponibilização total da temporada da série em seu lançamento e a disseminação da prática cultural de fãs de séries, como o *binge-watching*, o famoso "maratonar séries".

Uma das estratégias adotadas pelas distribuidoras de streaming para atrair os consumidores é reter a exclusividade de seus produtos, ou seja, apenas assinantes têm acesso a determinado conteúdo. Isso se reflete tanto na produção de conteúdo próprio quanto no estabelecimento de contratos de exclusividade sobre produtos de mídia.

A autonomia na escolha do que, onde e quando consumir é, sem dúvida, um dos maiores diferenciais das plataformas de VoD (vídeo on demand). Não há mais a imposição de uma grade de programação linear, que veicula as séries televisivas de acordo com uma frequência diária, semanal ou mensal. Com isso, a personalização de consumo e a autoprogramação são tendências crescentes entre os consumidores. Todas as decisões da Netflix são baseadas em algoritmos eficientes, desde a escolha dos conteúdos a serem produzidos até a recomendação aos usuários e a disponibilização nos servidores conforme a audiência de cada país.

A migração dos conteúdos televisivos para plataformas de streaming, como a GloboPlay, reflete uma adaptação da indústria do entretenimento às demandas contemporâneas por acesso flexível e conveniente ao conteúdo audiovisual. Com a disseminação dos dispositivos móveis, os espectadores agora desfrutam da liberdade de assistir aos seus programas favoritos quando e onde desejarem, alinhando-se ao estilo de vida moderno.

Essa transição também proporciona uma experiência mais interativa e envolvente para o público, com recursos como a integração das redes sociais e a participação em tempo real durante transmissões ao vivo. Essa interatividade fortalece o vínculo entre emissora e audiência, aumentando o engajamento dos telespectadores.

No entanto, essa mudança de paradigma apresenta desafios para a indústria, incluindo a necessidade de garantir a monetização do conteúdo e manter a qualidade da produção em um ambiente altamente competitivo. A concorrência entre as diferentes plataformas de streaming também pressiona por conteúdo exclusivo e relevante para atrair assinantes e manter sua base de usuários. Em resumo, a convergência dos conteúdos televisivos para aplicativos como a GloboPlay representa uma evolução na forma como consumimos mídia, oferecendo conveniência e interatividade aos espectadores, ao mesmo tempo em que desafia os modelos tradicionais de distribuição e consumo de conteúdo audiovisual.

O streaming e os conteúdos de vídeo sob demanda trouxeram grande dinamismo para a indústria do entretenimento, levando à tendência atual de disponibilização conhecida como OTT (*over the top*). Esse termo refere-se às transmissões de vídeo sem intermediários, como a assinatura da TV paga. A Netflix popularizou esse conceito, mas diversos modelos de negócios de distribuição de conteúdo digital seguem essa tendência.

A queda na audiência da televisão aberta e o crescimento da televisão fechada ao longo dos últimos anos mudaram o cenário da reprodução doméstica de conteúdo audiovisual, aliados à popularização da internet e ao aumento das velocidades das bandas. Com esse cenário, começou a surgir o fenômeno dos *cord-cutters* (em português: cortadores de fios), ou seja, o abandono dos pacotes de assinatura de televisão em favor do consumo de conteúdo por meio das OTTs, sem intermediários e personalizado.

No fundo, trata-se de uma contestação aos modelos de negócio tradicionais, que obrigam o consumidor a pagar por um pacote amplo de canais que ele dificilmente usufruirá de forma integral, além de não ter acesso fácil às novas tecnologias de portabilidade e gravação, desenvolvidas recentemente. O surgimento desse novo comportamento incomoda as emissoras tradicionais, ao mesmo tempo que as plataformas de streaming ganham força e relevância.

À medida que o streaming avança, a indústria tradicional enfrenta desafios monumentais. Redes de televisão e estúdios de cinema precisam se adaptar ou correm o risco de se tornarem obsoletos. A publicidade tradicional, baseada em intervalos comerciais, também enfrenta uma encruzilhada, com os consumidores migrando para plataformas sem anúncios ou aceitando modelos publicitários mais discretos.

As emissoras de televisão e os estúdios de cinema estão enfrentando a transição de um modelo de receita baseado em publicidade para modelos baseados em assinatura e streaming. Isso requer uma adaptação significativa em termos de produção, distribuição e monetização de conteúdo. Com a proliferação de plataformas de streaming e o aumento do conteúdo original, televisão e cinema estão enfrentando uma concorrência cada vez mais intensa por atenção e audiência. Isso exige um foco maior na qualidade do conteúdo e na diferenciação para atrair e reter espectadores.

Com a popularidade crescente de plataformas de streaming sem anúncios e o aumento da capacidade do público de ignorar ou bloquear anúncios, a publicidade tradicional baseada em intervalos comerciais encara um obstáculo. As marcas estão buscando maneiras mais eficazes e menos intrusivas de se envolver com os consumidores, como a integração de produtos e parcerias de marca dentro do conteúdo. Com a diversificação das opções de entretenimento disponíveis, o público está se fragmentando em nichos cada vez menores. Isso torna mais desafiador para as redes de televisão e os estúdios de cinema alcançarem uma audiência ampla e coesa, exigindo uma abordagem mais segmentada e personalizada.

Para acompanhar o ritmo da evolução tecnológica e das preferências do consumidor, as empresas tradicionais precisam investir em tecnologia e infraestrutura para oferecer experiências de visualização de alta qualidade e recursos interativos em suas plataformas de streaming. Para sobreviver e prosperar nesse ambiente em rápida mudança, as empresas tradicionais de mídia e entretenimento precisam estar dispostas a se adaptar, inovar e encontrar novas maneiras de se conectar com seu público-alvo. Isso pode envolver parcerias estratégicas, investimentos em conteúdo original e tecnologia, e uma abordagem mais flexível e centrada no consumidor.

O streaming não está isento de desafios éticos. O crescente volume de dados necessários para sustentar as plataformas de transmissão traz preocupações sobre privacidade e segurança. As empresas de streaming podem coletar uma grande quantidade de informações pessoais dos usuários, incluindo seus hábitos de visualização e preferências, traz dilemas com temas como como esses dados são usados e protegidos contra violações de segurança.

Os algoritmos usados pelas plataformas de streaming para recomendar conteúdo aos usuários podem influenciar suas escolhas e comportamentos de maneiras sutis e potencialmente problemáticas. Isso traz dilemas com temas como transparência, viés algorítmico e manipulação do usuário.

Nem todos têm acesso igual ao streaming devido a disparidades socioeconômicas, limitações de infraestrutura de internet e restrições governamentais, o que coloca em pauta a inclusão digital e o acesso equitativo à cultura e informação.

Diante desses desafios, é crucial que as empresas de streaming e os legisladores adotem medidas para conter os impactos negativos do streaming, garantir a privacidade e segurança dos dados dos usuários e promover um acesso equitativo à tecnologia e à informação. Isso pode incluir a implementação de regulamentações e políticas de proteção de dados mais rigorosas.

É imprescindível adotar uma visão crítica sobre o uso das plataformas, tendo em mente seu papel na mediação das interações sociais, políticas e culturais. Por exemplo, o consumo de vídeos sob demanda por meio das plataformas de streaming é moldado pela construção de bancos de dados, regulação algorítmica e sistemas de recomendação, os quais exercem influência tanto na produção de conteúdo quanto na escolha dos consumidores. Devemos considerar as possíveis mudanças no cenário cultural decorrentes do processamento de informações algorítmicas na criação e no consumo de conteúdo.

Portanto, ao analisar o uso das plataformas de streaming e outras formas de mídia digital, é fundamental ponderar não apenas sobre as facilidades proporcionadas, como a personalização do conteúdo e o acesso ilimitado, mas também sobre as questões mais profundas relacionadas à coleta de dados, à governança algorítmica e ao impacto cultural dessas tecnologias.

STREAMING E A LEGISLAÇÃO NO BRASIL

No Brasil, ainda não há uma lei implantada sobre a regulamentação das plataformas de streaming, porém tanto o mercado quanto o governo têm refletido sobre as questões envolvendo as tributações, o desenvolvimento do mercado no Brasil e as cotas para as produções nacionais.

O Projeto de Lei nº 8889/2017 (Brasil, 2017) tem o objetivo de criar um marco regulatório do streaming no Brasil, com novas regras para a prestação dos serviços de vídeo sob demanda e passando para a Ancine a responsabilidade de órgão regulador do setor. O projeto está em regime de tramitação, em caráter de urgência. O Projeto de Lei nº 57/2018 (Brasil, 2018), proposto pelo senador Humberto Costa, buscava regulamentar a atuação das plataformas de vídeo *on demand* no Brasil, propondo tributação sobre o faturamento e o cumprimento de cotas de conteúdo nacional, refletindo sobre a importância e o crescimento do mercado de streaming no Brasil. Depois de anos de discussão e propostas de ementas, o projeto foi arquivado em 2022.

Em novembro de 2023, foi aprovado na Comissão de Assuntos Econômicos do Senado o Projeto de Lei nº 2331/2022 (Brasil, 2022), que trata da regulamentação das plataformas de streaming. No texto da lei está previsto que as plataformas deverão pagar ao Condecine um tributo de 3% sobre a receita bruta. Além de incluir a contribuição de plataformas como Amazon Prime, Disney, Globoplay, HBO Max e Netflix, o projeto também prevê a inclusão de plataformas como o TikTok, Twitch e o YouTube, classificadas como empresas de vídeo sob demanda. Além da contribuição para o Condecine, o PL estabelece uma cota mínima para as plataformas disponibilizarem de produções brasileiras.

ARREMATANDO AS IDEIAS

A popularização das plataformas de streaming revolucionou a maneira como a sociedade consome produtos audiovisuais. Basta voltar duas ou três décadas no tempo, quando a única forma de acessar esses conteúdos era por meio da televisão, do rádio, do cinema ou das locadoras de vídeo. Hoje, com um catálogo quase infinito ao alcance dos dedos, os espectadores desenvolveram novos hábitos, como "maratonar" séries ou assistir a filmes em velocidade acelerada.

A rápida ascensão do streaming transformou profundamente a forma como consumimos conteúdo e é um capítulo marcante na história da indústria do entretenimento. O streaming aparece com a possibilidade de tornar a experiência do usuário mais prática e diversa, mas logo revolucionou a experiência de entretenimento.

O streaming é caracterizado pela distribuição de informações multimídia por meio de redes e pacotes de dados, permitindo que os consumidores assistam ou ouçam conteúdos audiovisuais em dispositivos conectados à internet. Ao explorar as diversas dimensões dessa transformação, adentramos as variantes que delineiam o futuro fascinante dessa indústria em constante evolução.

Com a era digital, ocorreu uma mudança de paradigma na maneira como lidamos com o entretenimento. O streaming surgiu como uma alternativa à programação linear das emissoras de televisão e rádio e à posse física de mídia. O desaparecimento gradual de mídias como DVDs e CDs, antes comuns nas prateleiras das casas dos usuários, simboliza a transição para uma era em que a conectividade é essencial.

Um dos pontos principais do streaming é a diversidade de conteúdo disponível globalmente. Plataformas como Netflix, Disney Plus, Hulu e Amazon Prime Video competem e fomentam a produção de narrativas diversas. Da comédia ao documentário, a diversidade de gêneros e estilos nunca foi tão acessível, permitindo aos usuários escolherem entre uma ampla variedade de entretenimento.

A personalização com algoritmos que analisam padrões e recomendam novos conteúdos para antecipar os desejos do espectador auxiliam as plataformas de streaming a ajustarem as sugestões de conteúdo com base nos hábitos de consumo, destacando opções mais relevantes nas telas dos usuários.

O surgimento do streaming de vídeo transformou radicalmente a forma de assistir filmes. Atualmente, é possível ver qualquer filme, a qualquer hora e em qualquer lugar, desde que se tenha um dispositivo com acesso à internet. Além disso, muitos serviços de streaming oferecem conteúdos exclusivos, disponíveis apenas on-line.

Enquanto o streaming avança, a indústria tradicional enfrenta desafios complicados. A publicidade tradicional, baseada em intervalos comerciais, também está em uma encruzilhada, com consumidores migrando para plataformas sem anúncios ou aceitando modelos publicitários mais discretos.

Plataformas como Netflix, Disney Plus e Spotify aparecem como líderes no entretenimento, investindo em produções originais. No entanto, essa competição feroz fragmenta o mercado, à medida que cada empresa tenta criar seu ecossistema exclusivo.

O streaming não apenas transforma a indústria, mas também impacta a cultura e a sociedade. Embora ofereça diversas oportunidades para a criatividade, levanta questões sobre o impacto na qualidade e originalidade das produções. Com algoritmos orientando decisões de conteúdo, há o risco de fórmulas previsíveis dominarem a criação, em detrimento da inovação artística.

Contudo, o futuro do streaming ainda oferece muitas oportunidades. Tecnologias emergentes como a realidade virtual e aumentada prometem novas dimensões imersivas. A inteligência artificial se apresenta como fundamental na personalização da experiência do usuário, junto com a integração de elementos interativos.

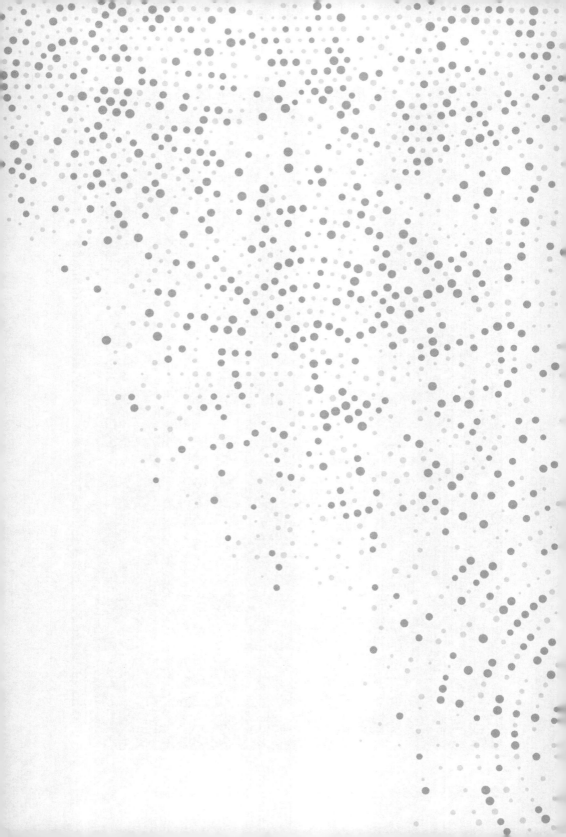

CAPÍTULO 8

Linguagem audiovisual e meios de comunicação

Ao ter um primeiro contato com a literatura, percebe-se imediatamente que suas obras são distintas. Essa diferença não se deve apenas aos estilos de época, mas também a uma questão fundamental: a do conteúdo e da forma. Esses elementos, enquanto distinguem as obras, também permitem que se assemelhem e constituam grupos com afinidades. Dessa dinâmica nascem os gêneros, as espécies e suas respectivas classificações.

No universo audiovisual, os gêneros são frequentemente vistos como classificações utilizadas pelas emissoras para facilitar o reconhecimento do produto pelo público. Isso é evidente nos materiais de divulgação televisiva encontrados em revistas, sites na internet e na própria televisão. No entanto, uma questão importante merece atenção: o que são gêneros e formatos quando analisamos produtos audiovisuais presentes no cotidiano das produções? Como se define um produto como a minissérie brasileira? Ao analisarmos os gêneros e formatos, nosso objetivo é ampliar a compreensão do leitor sobre o que vê e ouve, além de fomentar novas discussões sobre esses temas.

A trilha sonora é fundamental em produções audiovisuais, sendo essencial na criação de atmosfera, emoção e imersão de um produto audiovisual. Uma trilha se caracteriza como o conjunto de sons que acompanham e atribuem significado a uma obra. Quando nos referimos aos sons, incluímos os elementos sonoros como o abrir de uma porta, um acidente de carro, um animal pré-histórico ou o ranger de dentes. Assim como compreender o que é uma trilha sonora, é importante reconhecer que ela exerce uma função significativa na experiência do espectador.

GÊNEROS E FORMATOS AUDIOVISUAIS

Os gêneros são utilizados para categorizar objetos ou produtos que possuem características semelhantes, como textos, discursos ou programas. Eles podem ser empregados para abordar especificamente determinadas emoções, sendo classificados, por exemplo, como drama, comédia ou suspense. Pode-se recorrer à literatura para a compreensão e análise dos gêneros e formatos, principalmente na questão dos discursos. A evolução da linguagem, dos gêneros e formatos ocorreu juntamente com as transformações tecnológicas no setor audiovisual e a criatividade de seus criadores.

Portanto, na comunicação, os gêneros podem ser compreendidos como estratégias de comunicação, elementos culturais e modelos em constante evolução, interligados às dimensões históricas de onde são produzidos e consumidos (Martín-Barbero; Rey, 2001). Não existe unanimidade sobre o conceito de gêneros e formatos. Os principais estudos divergem sobre essas nomenclaturas. Vamos analisar alguns dos principais estudos que analisam as questões envolvendo os gêneros e formatos nos meios audiovisuais.

GÊNEROS TELEVISIVOS

Os gêneros televisivos, conforme argumentado por Martín-Barbero (1997), são dispositivos de comunicação posicionados entre os programas e os telespectadores, atuando como guias de produção para os criadores e geradores de expectativas para a audiência. O termo "formato", nomenclatura bastante empregada pela televisão, identifica a forma e o tipo de produção de um programa; é o modo de realização dos subgêneros, na medida em que pode até mesmo reunir e combinar vários subgêneros em uma única emissão.

A televisão apresenta uma linguagem única, caracterizada por programas que seguem padrões específicos de linguagem e estética, organizados na grade de programação das emissoras. Existem diversos gêneros televisivos, além de categorias, subgêneros e formatos que são frequentemente mencionados para descrever essa diversidade. Diante da carência de recursos sobre categorias, gêneros e formatos televisivos, o livro *Gênero e formatos na televisão brasileira*, de José Carlos Aronchi de Souza (2004), emerge com uma valiosa contribuição. De acordo com o autor, não foi encontrada uma definição precisa ou específica de "formato" na bibliografia especializada (Souza, 2004). Após analisar algumas interpretações genéricas desse termo, como as características gerais de um programa de televisão, o autor chega à seguinte conclusão: "O termo formato é uma nomenclatura própria do meio (também utilizada por outros veículos, como o rádio) para identificar a forma e o tipo da produção de um gênero de programa de televisão" (Souza, 2004, p. 46).

Ainda conforme Souza (2004, p. 45), na televisão, "vários formatos constituem um gênero de programa, e os gêneros agrupados formam uma categoria". Com base no boletim de programação das emissoras, em publicações de jornais e revistas brasileiras, e na teoria dos gêneros televisivos, o pesquisador categorizou os programas da televisão brasileira em cinco principais áreas: entretenimento, informação, educação, publicidade e outras. A partir dessas categorias, foram identificados 31 formatos aplicados a 37 gêneros televisivos.

Quanto ao aspecto do gênero, o autor categoriza 23 gêneros que se enquadram na categoria do entretenimento:

- auditório;
- colunismo social;
- culinário;
- desenho animado;
- docudrama;
- esportivo;
- filme;
- game-show (competição);
- humorístico;
- infantil;
- interativo;
- musical;
- telenovela;
- quiz show (perguntas e respostas);
- reality show;
- revista;
- série;
- série brasileira;
- sitcom (comédia de situações);
- talk show;
- teledramaturgia (ficção);
- variedades;
- western (faroeste).

Os formatos de entretenimento apresentam características e potenciais únicos. Souza (2004) destaca que esses formatos têm a capacidade de se mesclar com outros formatos de diferentes gêneros e podem ser utilizados como ferramentas para informação, publicidade, prestação de serviços, educação e até mesmo entretenimento.

Quadro 8.1 – Gêneros agrupados por categoria

CATEGORIA	GÊNERO
Entretenimento	Auditório, colunismo social, culinário, desenho animado, esportivo, filme, game show (competição), humorístico, infantil, interativo, musical, novela, quiz show (perguntas e respostas), reality show, revista, série, série brasileira, sitcom (comédia de situações), talk show, teledramaturgia (ficção), variedades, western (faroeste)
Informação	Debate, documentário, entrevista, telejornal
Educação	Educativo, instrutivo
Publicidade	Chamada, filme comercial, político, sorteio, telecompra
Outros	Especial, eventos, religioso

Podemos ressaltar a diferença de nomenclatura de Souza (2004) em relação a outros pesquisadores, que nomeiam como "gêneros televisivos" o que Souza define como "categorias". Machado (2014) e outros autores classificam como "formato" o que Souza (2004) nomeia como "gênero". A teoria dos gêneros proposta por Souza (2004) não é amplamente adotada no mundo acadêmico, mas é mais bem compreendida e aceita pelos profissionais do mercado devido a sua familiaridade com os termos utilizados.

No contexto brasileiro, as pesquisas das programações televisivas mostram semelhanças. Machado (2014) propõe seis gêneros televisivos bem definidos, alguns dos quais subdivididos em subgêneros menores: os formatos baseados em diálogos, como entrevistas, talk shows, debates, programas de mesa redonda e até monólogos, que pressupõem interação com o telespectador; as narrativas seriadas, divididas em três categorias (capítulos, seriados e programas unitários); os telejornais; transmissões ao vivo; videoclipes e outras formas musicais; e as poesias televisuais, que englobam inserções gráficas como vinhetas animadas.

Arlindo Machado agrupa os gêneros televisivos em formas fundadas no diálogo, narrativas seriadas, telejornal, transmissão ao vivo, poesia visual e videoclipe. O autor menciona que tratar de todos os gêneros da televisão seria impossível, por isso propõe um recorte. Essa classificação de Machado (1999) está referendada, segundo ele, na qualidade dos produtos escolhidos.

No campo do audiovisual, especialmente na televisão, os gêneros são muitas vezes vistos como categorias definidas pela emissora para facilitar o reconhecimento do produto pelo público. Isso é notável nos materiais de divulgação televisiva encontrados em revistas, sites e na própria programação de televisão.

GÊNEROS CINEMATOGRÁFICOS

Os gêneros cinematográficos agrupam filmes com características específicas e semelhantes. Eles definem as emoções a serem evocadas no espectador e a forma como o enredo será desenvolvido para alcançar o efeito desejado. Ao longo da história do cinema, os gêneros evoluem de acordo com as mudanças na sociedade e frequentemente se tornam híbridos. Além disso, os gêneros estão intimamente relacionados às diferentes escolas cinematográficas:

- **Comédia:** um dos gêneros mais antigos, originado nos palcos teatrais, no cinema a comédia tem cativado audiências desde as primeiras projeções, permanecendo como um dos gêneros mais populares até os dias atuais.

- **Documentário:** geralmente, esse gênero busca explorar histórias e eventos concretos por meio de personagens reais que compartilham suas experiências. Dessa forma, as narrativas são apresentadas pelos próprios indivíduos que vivenciaram os acontecimentos.

- **Drama e romance:** elementos de drama e romance estão presentes em grande parte das obras cinematográficas, mesmo que de forma implícita. Assim, há diversas produções que incorporam esses elementos em suas narrativas, conquistando públicos e contribuindo para a riqueza do cinema mundial.

- **Experimental:** esse segmento cinematográfico é bastante controverso e levanta diversas discussões, pois muitos questionam se pode ser considerado um gênero. No entanto, o cinema experimental tem sua relevância no cenário artístico.

- **Exploitation:** esse gênero é caracterizado por filmes de baixo orçamento que abordam de forma sensacionalista temas como sexo, violência e drogas. Amplamente popularizado entre as décadas de 1960 e 1970, foi explorado por renomados diretores que obtiveram sucesso nas bilheterias ao redor do mundo.

- **Faroeste:** os filmes desse gênero se tornaram clássicos na história do cinema mundial. Até os dias de hoje, referências ao estilo faroeste são empregadas em diversas produções, solidificando o gênero como parte consagrada do universo cinematográfico.

- **Ficção científica:** tem uma longa tradição de sucesso tanto no cinema quanto na literatura. Ao longo dos anos, tem cativado audiências e gerado significativos lucros. É amplamente utilizada para especular sobre o futuro, a tecnologia e a vida além da Terra.

- **Musical:** é um gênero que suscita opiniões diversas, pois nem todos apreciam. Contudo, há musicais clássicos que deixaram uma marca cultural significativa na história do cinema.

- **Noir:** popularizado entre as décadas de 1930 e 1950, o gênero noir explora o mundo do crime e das investigações policiais, apresentando um cenário sombrio e personagens marcantes para as telas.

- **Terror:** com a finalidade de instigar medo, suspense e emoção nos espectadores, o terror é um dos gêneros mais antigos e ainda amplamente apreciado.

GÊNEROS E FORMATOS RADIOFÔNICOS

O rádio é um meio de comunicação que abarca uma diversidade de gêneros textuais apresentados em uma ampla variedade de formatos, com diferentes propósitos, voltados para um público diversificado. Graças as suas características, como dinamismo e, principalmente, a mobilidade, consegue atingir muitos ouvintes.

É importante destacar que, embora os textos radiofônicos sejam preparados antecipadamente, durante sua transmissão na programação do rádio, diversos recursos são utilizados pelos locutores para se conectarem com os ouvintes, como improvisação, ritmo, pausas, sons complementares, voz humana, entonação, entre outros, conferindo-lhes uma singularidade marcante.

As categorias de gêneros radiofônicos propostas por Barbosa Filho (2009) abrangem diversos formatos encontrados na programação radiofônica, como destacamos a seguir:

- **Jornalístico:** nota, notícia, boletim, reportagem, entrevista, comentário, editorial, crônica, rádio jornal, debate ou mesa-redonda, programa policial, programa esportivo, documentário jornalístico e divulgação tecnocientífica.

- **Educativo-cultural:** programa instrucional, audiobiografia, documentário educativo-cultural, programa temático.

- **Entretenimento:** programa musical, programete artístico, evento artístico, programa ficcional, programa interativo de entretenimento.

- **Publicitário:** spot, vinheta, jingle, testemunhal, peça de promoção.

- **Propagandístico:** peça radiofônica de ação pública, programas eleitorais, programa religioso.

- **De serviço:** notas de utilidade pública, programete de serviço, programa de serviço.

- **Especial:** programa infantil, programa de variedades.

TRILHA SONORA

A trilha sonora compreende a fusão de sons, músicas, efeitos sonoros e diálogos que acompanham e complementam as imagens em uma produção audiovisual. Escolhida cuidadosamente, sua finalidade é evocar emoções, destacar momentos-chave e criar a atmosfera adequada para cada cena. Assim, capaz de aumentar a tensão, transmitir alegria, construir suspense e provocar diversas emoções na audiência, a trilha sonora é tão fundamental quanto a narrativa visual. Na produção audiovisual, a interação entre áudio e vídeo é essencial para transmitir o significado completo da obra. Portanto, para qualquer projeto nesse campo é necessário compreender o conceito de trilha sonora e a sua importância.

Muito mais do que simplesmente selecionar músicas, a trilha sonora é responsável por comunicar sentimentos como alegria, medo, apreensão e entusiasmo, além de contribuir para o ritmo da narrativa. Cordas tensas em cenas de suspense ou piano em momentos românticos são exemplos claros de como os elementos sonoros podem intensificar as emoções e a atmosfera de uma cena. Além disso, qualquer música inserida na produção faz parte da trilha sonora, e sua inclusão requer procedimentos como o *clearance*, garantindo a autorização dos detentores dos direitos autorais. Obter essa autorização pode ser um processo demorado e complexo, envolvendo a localização dos detentores dos direitos, a obtenção de aprovação interna da editora e a negociação dos termos de uso.

Início da trilha sonora no cinema

O cinema nasceu mudo, sem a captação da voz dos artistas, mas nasceu sonoro. A presença da música e do som nas sessões de cinema remonta aos primórdios do cinema, muito antes do advento do chamado cinema falado com a estreia de *O cantor de jazz* (1927), dirigido por Alan Crosland. Antes desse marco, em 1908, Camille Saint-Saëns compôs a primeira trilha sonora original para o filme mudo francês *O assassinato do duque de Guise*, dirigido por Charles Le Bargy e André Calmettes.

Ainda no final do século XIX, era comum a utilização de música mecânica por meio de fonógrafos, pianolas elétricas e toca-discos para acompanhar as projeções. Além disso, a execução de música ao vivo por grupos de instrumentistas ou até mesmo orquestras inteiras em salas de cinema mais luxuosas era uma prática comum. Os filmes cantantes, nos quais o próprio cantor ficava atrás da tela do cinema dublando a música para o espectador, também surgiram precocemente. Isso proporcionava uma experiência mais vívida e realista, sem as imperfeições dos discos, o que resultava em aplausos entusiasmados dos espectadores. Outra técnica sonora da época era o "fonógrafo humano", um contrarregra responsável por produzir uma variedade de sons durante a exibição dos filmes.

A importância da trilha sonora em produções audiovisuais

É essencial destacar o impacto significativo da trilha sonora na experiência do espectador em produções audiovisuais. Uma trilha sonora bem elaborada tem o poder de estabelecer uma conexão emocional entre o público e a narrativa, ampliando a imersão e tornando as cenas mais marcantes. Além disso, a trilha sonora é de extrema importância na identidade e no reconhecimento de uma obra. A mera introdução de uma música pode evocar lembranças e associações com um filme ou uma série específicos, ilustrando o potencial da trilha sonora em criar uma identidade sonora única e contribuir para a reputação de uma produção audiovisual.

Elementos essenciais para uma trilha sonora de qualidade

Para compor uma trilha sonora de qualidade, é necessário combinar diversos elementos de forma cuidadosa, criando a atmosfera desejada e aprimorando a experiência do espectador. Alguns dos elementos-chave incluem:

- **Música original:** composta especificamente para a produção audiovisual, a música original é fundamental para transmitir as nuances emocionais de cada cena e criar uma identidade única para o projeto.

- **Efeitos sonoros:** essenciais para adicionar realismo às cenas, os efeitos sonoros fornecem ênfase em eventos específicos e transmitem informações importantes para o espectador, além de criar ambiência. O som ambiente é uma constante presença sonora assíncrona que estabelece o clima da cena, situando a ação em um ambiente específico, seja ele interno ou externo, como um escritório, uma fábrica, uma avenida, entre outros. Esses são alguns tipos de efeitos:

    a. Foley: é a técnica de recriar em estúdio todos os sons gerados pelas ações físicas dos personagens por meio da imitação de seus movimentos. Isso inclui passos, ruídos de roupas e objetos presentes na cena. Jack Donovan Foley, um editor de som da Universal Studios, foi pioneiro nessa arte de regravar os sons dos passos, movimentos e ações das pessoas em cena. O objetivo era melhorar a qualidade do áudio das cenas, muitas vezes comprometida pela baixa qualidade do som original.

    b. *Hard effects* e *design effects*: sons concebidos para realçar movimentos e ações, tornar uma cena mais compreensível, intensificar sensações ou apenas enriquecer a narrativa visual de um filme. *Hard effects* são sons de natureza mais simples, como batidas de portas, sons de veículos e máquinas. No caso do *design effects*, os efeitos requerem um processo mais detalhado, como os sons de dinossauros, lasers, espaçonaves e terremotos.

c. Diálogos: a trilha sonora de um filme inclui as vozes dos personagens, que podem ser registradas por meio da captação do som direto ou por meio da ADR (Automated Dialogue Replacement, em português, Substituição Automática de Diálogos, também conhecida como Additional Dialogue Recording, em português, Gravação de Diálogo Adicional), utilizada para corrigir falhas na captação de som direto, aprimorar a qualidade do áudio, ou ajustar a interpretação dos atores. No Brasil a ADR é muitas vezes confundida com a dublagem, que é a substituição completa do áudio original por uma versão falada em outro idioma. Fundamentais para a narrativa, os diálogos fornecem informações sobre a trama, o desenvolvimento dos personagens e suas interações.

d. Uso estratégico do silêncio: o silêncio pode ser um elemento poderoso, usado para criar tensão, destacar momentos de suspense ou permitir que os espectadores se concentrem em elementos visuais específicos. Uma trilha sonora bem executada pode influenciar significativamente a percepção e a conexão do público com uma produção audiovisual. Portanto, é fundamental que os criadores de conteúdo invistam tempo e recursos na seleção e produção de uma trilha sonora de qualidade.

Tipos de trilhas sonoras utilizadas em projetos audiovisuais

A escolha da música em uma produção audiovisual é influenciada pelo contexto e pela visão do compositor ou designer de som. Vamos explorar os diversos métodos para incorporar música em uma produção audiovisual:

- **Trilha diegética:** refere-se à música que os personagens dentro do universo do filme podem ouvir. Por exemplo, alguém tocando um instrumento em cena ou o protagonista ouvindo sua música favorita no rádio. Isso contribui para construir a caracterização das personagens.

- **Trilha não diegética:** é a música que os personagens não podem ouvir, mas é inserida na cena para criar efeitos dramáticos. Conhecida como "underscore", essa música é sobreposta às cenas. Montagens são sequências de cenas curtas acompanhadas por música, impulsionando o enredo e alterando a atmosfera. A música de abertura e encerramento muitas vezes apresenta temas musicais distintos que se repetem como um refrão.

- **Música preexistente:** refere-se a músicas com as quais o espectador já está familiarizado, como canções pop famosas. Alguns filmes utilizam exclusivamente músicas preexistentes, como *Cidade de Deus* (2002) dirigido por Fernando Meirelles, e *Bingo, o rei das manhãs* (2017), dirigido por Daniel Rezende.

- **Música composta ou original:** trata-se da música criada especificamente para o filme. Essa trilha pode ser diegética ou não diegética e é encomendada para se adequar à produção. Essa abordagem oferece maior controle criativo sobre a música utilizada.

- **Música empática:** refere-se a uma canção ou música funcional que se conecta com a emoção da cena, contribuindo assim para a construção das ações em curso; o ritmo e a melodia complementam o estado emocional presente na cena.

- **Música anempática:** é uma canção ou música funcional que contrasta com as ações ou emoções da cena; frequentemente, seu propósito é provocar desconforto no espectador, pois não está alinhada com o tom emocional da cena.

- **Leitmotiv:** o termo "leitmotiv", que significa "motivo condutor", refere-se a um tema ou ideia musical que se repete ao longo de uma obra para associá-lo a um personagem, objeto ou conceito em particular. Embora o termo não tenha sido especificamente definido, a técnica do leitmotiv ficou conhecida por meio do compositor Richard Wagner, que a utilizou de forma sistemática em suas óperas. Atualmente, o uso do leitmotiv não se limita à ópera, sendo amplamente empregado também no cinema e em telenovelas. Cada personagem tende a ter sua própria música, seu leitmotiv, o que permite ao espectador identificá-lo mesmo sem estar assistindo à cena diretamente, apenas ao ouvir a música

ARREMATANDO AS IDEIAS

Os filmes cinematográficos são agrupados por gêneros, o que ajuda os espectadores a encontrarem o que desejam assistir, assim como nos ensina uma forma de conhecer o cinema e, portanto, as primeiras obras audiovisuais. Embora os filmes frequentemente misturem gêneros, como aventura em um filme de espionagem ou crime em ficção científica, um gênero geralmente se destaca mais. Rotular os filmes em gêneros facilita para as pessoas encontrarem algo de seu interesse, assim como muitos espectadores têm preferência por um ou mais gêneros específicos.

O termo gênero tem sido usado na crítica cinematográfica e por analistas dos produtos audiovisuais por décadas, embora seu significado e sua utilidade ainda careçam de consenso. Essa denominação também é utilizada para conhecer e determinar os produtos televisuais e radiofônicos.

Os tipos de produções audiovisuais já se estabeleceram firmemente na indústria do cinema e da televisão. Mesmo um espectador ocasional é capaz de reconhecer rapidamente um filme de ação, uma novela melodramática ou uma sitcom e decidir se quer continuar assistindo ou mudar de canal em questão de segundos.

Essa facilidade em identificar características genéricas às vezes é interpretada como uma estrutura sólida e inflexível. Isso acontece tanto quando se trata de clichês e estereótipos comuns quanto na identificação de obras mais clássicas, consideradas exemplares em cada gênero e, muitas vezes, imitadas à exaustão. Em ambos os casos, a função dos gêneros é a mesma: classificar, categorizar e estabilizar a produção audiovisual.

No cinema clássico, a linguagem sonora, desde os filmes de D. W. Griffith até os contemporâneos, é cuidadosamente coordenada com a imagem visual, formando uma narrativa coesa e envolvente para o espectador. Isso contribui para a imersão do público, tornando os elementos sonoros quase imperceptíveis. A música tem uma habilidade única de se integrar aos meios de comunicação. Seu uso pode ser encontrado em diversos produtos audiovisuais no cinema, na televisão e na publicidade. No Brasil, essa fusão entre a música e os produtos audiovisuais têm seu mais importante exemplo nas trilhas sonoras das telenovelas. Em virtude disso, boa parte do público brasileiro passou a associar o termo trilha sonora exclusivamente com as músicas, não considerando outros de seus aspectos importantes.

O cinema clássico já buscava harmonizar os elementos sonoros e visuais, garantindo uma experiência coesa e impactante. No entanto, essa abordagem favorecia a voz sobre outros sons, mantendo uma narrativa linear e um impacto emocional previsível no espectador. Embora seja amplamente aceito e seguido, esse estilo dominante limita a inventividade e a diversidade na produção audiovisual.

Nossa percepção sonora é sempre complementada pela percepção visual e por outras sensações fornecidas pelos nossos sentidos. Apesar disso, é importante reconhecer que, mesmo com a sincronia entre som e imagem, existem inúmeras possibilidades de combinação. Além disso, outras abordagens para a trilha sonora têm sido propostas ao longo da história do cinema, ampliando as fronteiras criativas da arte cinematográfica.

Assim como as inúmeras possibilidades de sincronia entre som e imagem, existem também as mesclas de gêneros que resultam em elementos criativos interessantes para os espectadores. O filme sul--coreano *Parasita* (2019), dirigido por Bong Joon-ho, é elaborado a partir de uma variedade de gêneros, como comédia, horror e drama, os quais se beneficiam de efeitos específicos e envolvimentos distintos para moldar toda a história: a comédia surge na fase inicial, servindo de exposição e introdução ao mundo e aos personagens; o horror e a ação atingem seu ápice durante o clímax; e uma melancolia dramática permeia o desfecho.

Devido à semelhança entre certos elementos, podemos ponderar sobre os produtos e contemplar por que eles nos são apresentados ou classificados de forma diferente, já que muitos tratam de temas que transcendem categorias convencionais. Nossa formação como indivíduos é moldada pelo que ouvimos, vemos e absorvemos ao longo da jornada de vida. As linguagens se desenvolvem a partir desse processo e se tornam componentes essenciais de nossa memória pessoal e coletiva. Os produtos audiovisuais, em toda a sua diversidade de gêneros, existem porque nutrimos uma paixão por narrativas.

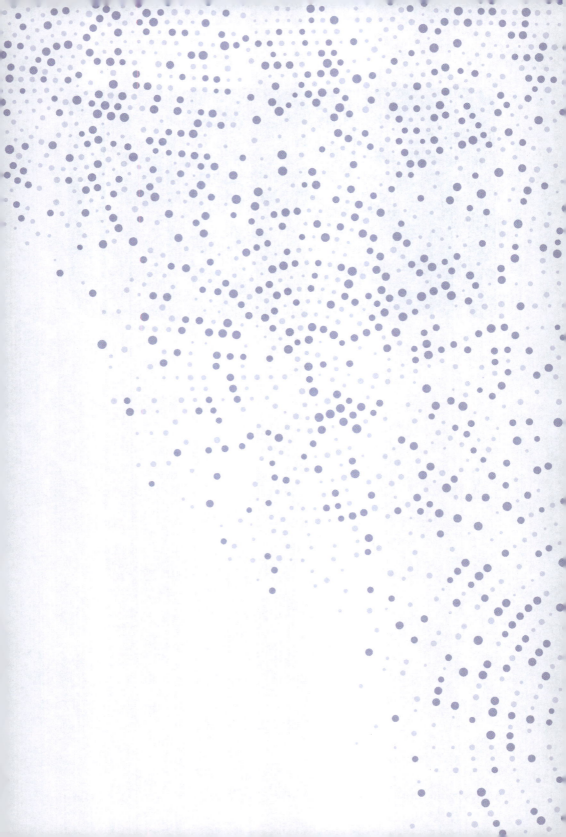

CAPÍTULO 9

Formatação de projetos audiovisuais

Um projeto é a descrição escrita e detalhada de um empreendimento a ser realizado; é um plano, um delineamento, um esquema. A palavra "projeto" vem do latim *projectum*, que significa "antes de uma ação". Um projeto é um esforço único, temporário e progressivo, preparado para criar um produto, serviço ou resultado exclusivo. Um projeto é temporário, tem início e fim determinados, e um objetivo final. Além disso, os recursos de um projeto não são ilimitados e a gestão deles deve ser planejada previamente.

O projeto cultural é um documento que deve reunir todo o planejamento de um evento ou de uma série de apresentações artísticas, como mostras de quadros, shows musicais, peças de teatro ou um projeto audiovisual. É importante que seja muito bem estruturado, pois assim é possível que o artista faça parcerias com o setor privado e consiga se beneficiar com as leis de incentivo à cultura.

O projeto audiovisual tem como objetivo executar um produto desde a sua concepção até a sua exibição. De modo geral, são três etapas: pré-produção, produção e pós-produção. Na etapa inicial está a elaboração do projeto, onde todas as intenções do filme são organizadas e formatadas para fins de apresentação à equipe, a possíveis apoiadores ou patrocinadores, a editais e outros meios de financiamento cultural. Por se tratar de um tipo de obra que envolve muitos profissionais de especialidades diferentes, é preciso ter o projeto bem-organizado na sua etapa de planejamento para que tenha mais chances de ser produzido.

A pré-produção é a etapa inicial e antecede a gravação, sendo importante para alinhar todas as equipes que participam do projeto (dependendo do porte da produção, até centenas de profissionais podem estar envolvidos). Nessa etapa, é feito o levantamento dos equipamentos e dos materiais necessários, o local de gravação, o roteiro, a organização das diárias de gravação e a documentação. Uma boa preparação na pré-produção é essencial para evitar possíveis problema nas etapas seguintes.

A próxima etapa é a produção, onde será realizada a captação de imagem e som. Quanto mais bem-estruturada for, mais tranquila será a gravação. As cenas pensadas no roteiro são colocadas em prática e filmadas pelos equipamentos previamente selecionados. Lembrando que, para otimizar a produção, as cenas não precisam ser gravadas na ordem do roteiro, pois podem ser ordenadas na edição.

A terceira e última etapa é a de pós-produção, onde ocorre o processo de montagem e finalização do vídeo e o produto audiovisual recebe sua forma final. Os principais passos são: edição de vídeo, correção de cor, acréscimo de elementos gráficos, animação e tratamento do som. No entanto, a finalização do produto não é o final do projeto, pois ainda haverá a exibição e a prestação de contas.

Agora vamos apresentar os tópicos mais comuns para a elaboração de um projeto audiovisual. É importante ressaltar que, conforme a inscrição em um edital ou a apresentação para um canal de exibição (por exemplo, um canal ou um pitching), pode haver mudanças em alguns tópicos. Tentamos aqui reunir os pontos principais de um projeto cultural e, portanto, um projeto audiovisual para auxiliar nas etapas de elaboração do seu produto audiovisual.

A CRIAÇÃO DE UM PROJETO

Todo projeto audiovisual parte de uma ideia ou de uma demanda. Quando falamos de ideia, destacamos o potencial criativo, que pode partir de uma inspiração ou uma ideia original. Temos diversos exemplos de propostas, como o filme *Cidade de Deus* (2002), inspirado no livro do autor Paulo Lins e que virou um projeto mais tarde roteirizado por Bráulio Mantovani.

No filme *De volta para o futuro* (1985), dirigido por Robert Zemeckis, o roteirista Bob Gale teve uma inspiração pessoal ao encontrar o anuário do ensino médio da escola de seu pai. Gale, que sempre teve um fascínio por viajar no tempo, imaginou como seria estudar com seus pais naquela época, se seria amigo de seu pai. Ali nasceu a inspiração para seu roteiro, que foi enviado à Columbia Pictures em 1980. Após várias tentativas de contrato com estúdios, Zemeckis fechou contrato com a Universal Pictures.

É importante ressaltar que apenas uma ideia não é o suficiente, é preciso ter um planejamento e transformá-la em um projeto audiovisual, para mais tarde tornar essa ideia um produto audiovisual, que será gravado e exibido. Em toda área criativa é comum surgirem diversas ideias vindas de inspirações. Na área audiovisual, sempre ouvimos ideias de vídeos, filmes, séries ou programas televisivos. O grande desafio está em estruturar essas ideias em projetos.

Em um documentário, o desenvolvimento envolve aprofundar a pesquisa, elaborar uma estratégia para abordar o tema, selecionar os personagens e determinar a estrutura narrativa.

Em um projeto de ficção, o desenvolvimento implica criar todo o contexto da história, desenvolver a trama e os conflitos, construir personagens com profundidade e estabelecer a estrutura narrativa. É comum que produtores e roteiristas realizem um desenvolvimento inicial mais superficial. Nessa etapa, são elaborados apenas os elementos essenciais que serão utilizados na venda do projeto para um canal, distribuidora ou patrocinador. Após a venda, investe-se no desenvolvimento completo do projeto

COMO DEFINIR O PÚBLICO-ALVO?

Definir o público-alvo é essencial para o planejamento do projeto e para direcionar as estratégias de captação para os possíveis investidores, apoiadores, patrocinadores e exibidores do produto audiovisual. Dessa forma, o projeto irá impactar o público que realmente vai assistir ao produto finalizado. Embora não seja uma tarefa simples, demandando um investimento em pesquisa e um entendimento do mercado audiovisual, é um investimento que se mostra valioso.

É importante ressaltar que quanto mais definido for o público-alvo, maiores serão as chances de o projeto ter sucesso. Nenhum produto atinge simultaneamente pessoas dos 8 aos 80 anos. Todo projeto tem um público-alvo definido, e em alguns casos se atinge um público maior do que foi definido. O problema é não definir um público-alvo para o projeto.

Todo exibidor, como um canal de televisão ou uma emissora de rádio, é como uma indústria que tem seus produtos à venda – no caso, os programas. O comprador desses produtos é o mercado publicitário, que precisa identificar um público-alvo para fazer o seu investimento e diminuir os riscos de atingir um público errado. Poucos anunciantes desejam arriscar patrocinar produtos audiovisuais com um público-alvo muito amplo e, no caso das emissoras, atendem às necessidades dos anunciantes. Para a definição do público-alvo, podemos caracterizá-lo com quatro itens essenciais:

- **Dados demográficos:** idade, gênero, origem étnica, escolaridade, estado civil e profissão são algumas questões que podem ser levantadas para caracterizar o público-alvo.

- **Dados geográficos:** origem habitacional e por onde passam, ou seja, questões geográficas.

- **Dados econômicos:** as condições econômicas, como a classificação econômica segundo o IBGE.

- **Questões psicográficas:** qual a composição familiar, geracional, estilo de vida, o que e quem inspira suas atitudes, como investe seu tempo e seu dinheiro. Este último item é o mais complexo, pois não se refere exclusivamente a dados, mas a questões pessoais que variam de pessoas para pessoa. Dois irmãos podem estar na mesma faixa etária, ter o mesmo gênero, a mesma origem habitacional, a mesma classe social e ainda assim ser completamente diferentes como indivíduos, portanto consumir produtos audiovisuais e culturais diferentes. A segmentação psicográfica é definida pelo seu estilo de vida.

É por essa razão que grandes empresas conduzem pesquisas de mercado. Além de avaliar a receptividade de determinado grupo em relação ao lançamento de produtos e serviços, tais pesquisas ajudam a aprofundar os aspectos relacionados ao público-alvo. O IBGE mantém um extenso banco de dados constantemente atualizado, que fornece informações detalhadas sobre a população brasileira, incluindo dados sociodemográficos como faixa de renda, sexo, nível educacional e etnia. Além disso, instituições como a Serasa Experian e o Kantar Ibope possuem dados processados que oferecem insights sobre o comportamento e o estilo de vida dos consumidores.

Tão crucial quanto compreender o público-alvo do seu projeto é assegurar que nenhuma informação coletada seja perdida. Uma maneira eficaz de alcançar isso é a elaboração de um documento que registre todas as informações pertinentes ao seu público-alvo. Isso não apenas organizará os dados, mas também garantirá que sejam integralmente aproveitados em suas estratégias de lançamento do produto finalizado.

Assim como toda estratégia de marketing, a pré-produção audiovisual envolve conhecer melhor o público que se deseja atingir, independentemente se o vídeo é uma demanda institucional, um podcast, um curta ficcional, um documentário. Por isso, é preciso entender qual é o perfil do público que vai consumir seu produto. É claro que, mesmo que você tenha um bom entendimento de alguns aspectos que possam ser do interesse desse público, é sempre válido realizar uma pesquisa para aprofundar ainda mais o conhecimento e obter detalhes adicionais. Essas informações adicionais podem contribuir significativamente para enriquecer ainda mais a produção.

Uma abordagem que pode ajudar a entender melhor o público-alvo é a criação de uma persona. A persona é um perfil fictício que representa o tipo de pessoa que seu projeto pretende alcançar. Ao criar uma persona, você pode atribuir a ela nome, idade, sexo, local de residência, ocupação, padrões de consumo, atividades de lazer, renda, despesas, relacionamentos e muitas outras informações relevantes. Isso ajudará a visualizar e compreender melhor o perfil do público mais engajado com seu projeto.

CLASSIFICAÇÃO INDICATIVA

A classificação indicativa é uma orientação destinada às famílias, que mostra a faixa etária apropriada para obras audiovisuais (como televisão, cinema, vídeos, jogos eletrônicos, aplicativos e RPGs), e quais obras não são recomendadas a crianças e adolescentes. Essa classificação é respaldada pela Constituição Federal (Brasil, 1988), pelo Estatuto da Criança e do Adolescente (Brasil, 1990), pela Portaria MJ nº 368/2014 (Brasil, 2014), pelo Manual da Nova Classificação Indicativa (Brasil, 2006b) e pelo Guia Prático de Classificação Indicativa (Brasil, 2021).

DICA

O Ministério da Justiça disponibiliza o Guia de Classificação Indicativa com todas as informações detalhadas para auxiliar a classificar um projeto audiovisual. Disponível em: https://www.gov.br/mj/pt-br/assuntos/seus-direitos/classificacao-1. Acesso em: 24 abr. 2024.

A Portaria MJ nº 368/2014 (Brasil, 2014) estabelece o escopo, as faixas etárias e o processo de atribuição da classificação indicativa para as diversões públicas. O Manual da Nova Classificação Indicativa (Brasil, 2006b) oferece uma síntese do embasamento teórico do processo de atribuição de classificação, enquanto o Guia Prático de Classificação Indicativa (Brasil, 2021) enumera os critérios analisados durante a avaliação de um produto e fornece diretrizes para a exibição dos símbolos de classificação ao público.

É fundamental entender que a classificação indicativa difere inteiramente da censura. Trata-se de um processo democrático envolvendo o governo, empresas de entretenimento e a sociedade, com o propósito de informar às famílias brasileiras sobre a adequação etária das diversões públicas. Dessa maneira, as famílias têm o direito de tomar decisões informadas, enquanto o desenvolvimento psicossocial das crianças e adolescentes é protegido.

O Ministério da Justiça não proíbe a transmissão de programas, a apresentação de espetáculos ou a exibição de filmes. Sua função é exclusivamente informar sobre as faixas etárias e os horários recomendados para cada tipo de conteúdo, conforme estipulado pela Constituição Federal (Brasil, 1988), pelo Estatuto da Criança e do Adolescente (Brasil, 1990) e pela Portaria MJ nº 368/2014 (Brasil, 2014). Assim, é evidente que a classificação indicativa não se trata de censura e não substitui a decisão da família.

A avaliação dos produtos audiovisuais deve considerar três temas principais que podem impactar na classificação indicativa de faixa etária: sexo e nudez, drogas e violência. A seguir, apresentaremos os principais critérios para cada classificação indicativa:

Classificação livre

Nessa categorização são tolerados elementos como a presença de armas sem uso violento, morte sem cenas violentas, ossadas ou esqueletos em contextos fantasiosos de violência, como em animações, além de nudez não erótica. Também é aceitável o consumo moderado ou sugerido de drogas lícitas.

Classificação 10 anos

Para essa faixa etária, são permitidos conteúdos que envolvam situações angustiantes, tensas ou de terror, uso de armas com violência, atos criminosos sem violência, linguagem pejorativa e descrições educativas sobre sexo e consumo de drogas lícitas.

Classificação 12 anos

Para essa faixa etária, as produções podem abranger agressão verbal, assédio sexual, atos violentos contra animais, bullying, descrições de violência, exposição ao perigo, cadáveres, situações constrangedoras ou degradantes, lesões corporais, morte resultante de ações heroicas, morte com violência, palavrões, sangue, ênfase na beleza física e no consumo, e violência psicológica. Além disso, são admitidas insinuações sexuais, linguagem indecente, masturbação, nudez sugerida, simulação de atos sexuais e discussões sobre drogas.

Classificação 14 anos

Para esta faixa etária são permitidas cenas de aborto, estigma ou preconceito, eutanásia, exploração sexual, morte intencional e pena de morte. Em relação ao sexo e nudez, podem ocorrer elementos de erotização, nudez, prostituição, relações sexuais e vulgaridades. Quanto às drogas, são permitidas insinuações de consumo, descrições ou tráfico de drogas ilícitas. Aqui são aceitáveis representações de aborto, estigma ou preconceito, exploração sexual, morte intencional, pena de morte e eutanásia, cenas que incluam erotização, prostituição, simulação de atos sexuais, linguagem vulgar, insinuações de consumo, descrições ou tráfico de drogas ilícitas.

Classificação 16 anos

Nesta categorização, são aceitos temas mais sombrios, como, crimes de ódio, estupro ou coerção sexual, mutilação, suicídio, tortura, violência gratuita e atos de pedofilia. Podem ser apresentados assuntos associados ao consumo, indução, produção ou tráfico de drogas ilícitas.

Classificação 18 anos

Na categoria para adultos, são permitidos conteúdos mais explícitos, como apologia à violência e crueldade, representações de sexo explícito, situações sexuais complexas ou impactantes e incentivo ao uso de drogas ilícitas.

COMO BUSCAR AS REFERÊNCIAS PARA O PROJETO?

Buscar por obras de referência é algo fundamental para as definições estéticas de um produto audiovisual, mas também pode ser muito importante para ajudar a posicionar seu projeto no mercado. Nessa busca por referências, podemos identificar obras semelhantes ao projeto que está sendo elaborado ou, ainda, responder a perguntas básicas como:

- Quais projetos são semelhantes?

- Quais obras audiovisuais tratam do mesmo assunto?

- Quais livros, músicas ou obras de arte podem inspirar o projeto?

- Quais as características mais comuns do gênero com o qual se deseja trabalhar?

Com essas informações, é possível ajustar o projeto para diferenciá-lo ou aproximá-lo de outros produtos audiovisuais que já existem no mercado. O grande desafio não é apenas ter uma ideia totalmente original, mas estruturar essa ideia em um projeto, com referências culturais que se adequem ao seu público-alvo.

Um dos filmes de terror mais marcantes de todos os tempos, *Pânico* (1996), é lembrado devido à máscara alongada em forma de grito usada pelo assassino. Dirigido pelo mestre do horror, Wes Craven, o filme narra a história de Sidney Prescott, uma adolescente perseguida por um misterioso assassino. Apesar da trama conhecida, um dos principais aspectos distintivos do filme foi sua abordagem metalinguística, questionando o impacto dos filmes de terror nas pessoas e o apreço do público pelo gênero, inaugurando assim um novo subgênero que reflete sobre si mesmo. Além disso, o filme se destaca por fazer referência a uma das obras mais emblemáticas da história da arte, *O grito* (1893), do pintor norueguês Edvard Munch.

Baseado no romance do escritor de terror Stephen King, *O iluminado* (1980) é um dos filmes mais icônicos do cineasta Stanley Kubrick. Elogiado pelas performances de Jack Nicholson e Shelley Duvall, esse thriller psicológico conta a história de uma família que se muda para um hotel isolado com um passado violento. Ao longo do filme, o personagem principal mergulha em uma espiral de paranoia, perdendo a sanidade e tornando-se dominado pela loucura e pela violência. *O iluminado* representou uma mudança de paradigma no cinema de terror, caracterizando-se por cenas não de terror gore, mas por visões estranhas da família durante sua estadia.

O terror gore é conhecido pela violência extrema e gratuita, sendo um subgênero do terror. Os filmes de terror gore têm cenas caracterizadas pelo excesso de sangue, cenas de tortura e exibição de restos mortais de humanos e animais. São exemplos de terror gore filmes como *Jogos mortais* (2004) e *Hellraiser* (1987) e suas franquias.

Uma das cenas memoráveis de *O iluminado* é a aparição das gêmeas com uma aura sombria, que o filho dos protagonistas, Danny, frequentemente encontra nos corredores do hotel. Essa imagem ecoa as características definidoras da carreira da fotógrafa americana Diane Arbus, conhecida como a fotógrafa dos freaks, pessoas com aparência pouco convencional e socialmente marginalizadas. O registro das gêmeas se destaca como um dos mais icônicos, transmitindo uma sensação de desconforto apesar de sua aparência inicialmente comum.

A obra do cineasta Quentin Tarantino é reconhecida pelas inúmeras referências e citações em seus roteiros, que vão desde faroestes, como *Três homens em conflito* (1966), dirigido por Sergio Leone e com a participação do ator Clint Eastwood, o cinema japonês e até mesmo filmes como *Os Flintstones* (1994). Tarantino brinca com o espectador de maneira única, mesclando e subvertendo gêneros. Além de buscar referências, Tarantino se tornou uma referência em si mesmo. Vince Gilligan, criador da série *Breaking bad* (2008), sempre se declarou um grande fã dos filmes de Tarantino, principalmente *Pulp fiction: tempo de violência* (1994). Ao longo das seis temporadas da série, é possível identificar várias cenas influenciadas por esses filmes.

Ser criativo não se resume apenas a criar, mas também a observar atentamente o mundo ao seu redor em busca de referências e materiais para o projeto. O produto desse processo criativo é moldado por uma série de elementos, como o contexto histórico e geográfico do criador, os locais que frequenta ou frequentou, os livros que leu, os filmes que assistiu, as exposições que frequentou, as músicas que ouve. Por isso a importância de sempre buscar novos olhares e expandir o repertório cultural e audiovisual.

QUAIS PROFISSIONAIS SÃO NECESSÁRIOS PARA REALIZAR O PROJETO?

Outro ponto importante para a realização de um projeto é dimensionar a equipe de trabalho. Cada produto audiovisual tem sua especificidade, portanto demandará profissionais para sua produção. Esse trabalho é feito como uma seleção normal de emprego, em que são avaliados o currículo e o portfólio de cada profissional, são realizados testes, quando necessário, e são negociados os cachês. Selecionar um quadro de pessoas que vai formar a sua equipe pode ser o que vai diferenciar a sua produção dentro do mercado audiovisual.

Estabelecer uma equipe, além de ser vital para que o seu projeto corra de maneira mais fluida, evita problemas tanto em termos de planejamento quanto de produção. Preparar uma equipe que tenha suas tarefas muito bem definidas é um estágio que precisa ser feito antes do projeto começar. Em vários editais, o planejamento prévio da equipe é um item obrigatório, tamanha a importância para seu planejamento.

Uma equipe básica para o desenvolvimento de um projeto audiovisual é normalmente composta por:

- Diretor(a);
- Assistente de direção;
- Produtor(a);
- Produtor(a) executivo;
- Assistente de produção;
- Diretor(a) de fotografia;
- Assistente de câmera;
- Gaffer (responsável por criar o set de iluminação);

- Diretor(a) de arte;
- Figurinista;
- Maquiador(a);
- Técnico de som direto;
- Atores;
- Figuração;
- Making of;
- Fotógrafo still.

COMO SELECIONAR OS EQUIPAMENTOS PARA UMA PRODUÇÃO?

Durante o desenvolvimento de um projeto, é essencial planejar cuidadosamente os equipamentos necessários para sua realização. O mercado oferece uma ampla gama de opções, tornando crucial realizar uma pesquisa abrangente para fazer as escolhas adequadas e acompanhar os lançamentos e recomendações do mercado. Antes de investir em qualquer equipamento, é fundamental estabelecer um orçamento. Embora haja opções de qualidade em diferentes faixas de preço, é importante observar que equipamentos mais acessíveis podem ter vida útil menor e oferecer imagem e som de qualidade inferior. Identificar as necessidades específicas da produção é essencial antes de selecionar o equipamento.

Por exemplo, se a gravação for ocorrer em ambientes externos, uma câmera com boa estabilização de imagem pode ser fundamental. Para entrevistas, um microfone de lapela pode ser mais adequado. Antes da compra, recomenda-se pesquisar as características e especificações técnicas do produto, consultar avaliações de outros usuários, assistir a análises em vídeo e comparar preços em diferentes estabelecimentos. Alguns equipamentos são essenciais, como os descritos a seguir.

Câmera

Selecionar a câmera certa para uma produção audiovisual pode ser desafiador, seja para um vídeo do YouTube, um comercial de televisão ou conteúdo para redes sociais. Atualmente, é bastante acessível trabalhar com câmeras semiprofissionais, e até mesmo smartphones oferecem opções com resoluções interessantes. Empresas como Canon, Nikon, Panasonic e Sony são boas escolhas para quem busca câmeras com qualidade de imagem, estabilização e outras funções importantes, tanto para profissionais quanto para iniciantes.

É importante notar que não existe uma câmera ou equipamento único que atenda a todas as necessidades de uma produção audiovisual. As câmeras evoluíram para atender a diferentes nichos e demandas específicas, oferecendo uma variedade de opções para os produtores, como veremos a seguir.

Câmeras DSLR

As câmeras DSLR (digital single lens reflex) são câmeras digitais que utilizam um sistema de reflexo com espelho para direcionar a luz para o visor óptico. Quando o obturador é acionado, o espelho é levantado, permitindo que a luz atinja diretamente o sensor de imagem digital. Essas câmeras oferecem qualidade de imagem superior em comparação com câmeras semiprofissionais, com opções de gravação em full HD ou 4K, captura de áudio estéreo e até mesmo a possibilidade de conexão de microfones externos. Elas têm sido amplamente utilizadas em diversas áreas, incluindo eventos sociais, documentários, publicidade e cinema.

Câmeras mirrorless

As câmeras mirrorless, ou sem espelho, não possuem o sistema de espelho das DSLRs. A luz atinge diretamente o sensor de imagem, sem a necessidade de passar por um espelho. Essas câmeras oferecem visão através de um visor LCD ou eletrônico (EVF), mostrando a imagem capturada pelo sensor em tempo real. Elas são conhecidas pela sua portabilidade e versatilidade, sendo cada vez mais populares em diversos segmentos, desde a fotografia amadora até produções profissionais.

Câmeras de cinematografia digital

Até a década de 1990, a grande maioria dos filmes era gravada e finalizada em película. Com o avanço da tecnologia, as câmeras digitais de cinema se tornaram uma opção viável para os cineastas. Elas oferecem qualidade comparável à película de 35 mm, com a conveniência do fluxo de trabalho digital. Empresas como ARRI e RED são referências nesse mercado, oferecendo câmeras utilizadas em produções de grande porte, desde blockbusters até filmes independentes.

A Netflix atualizou recentemente seus critérios de homologação para a captação de produções destinadas à distribuição na plataforma. Dentre as câmeras aprovadas estão todas as versões da Panasonic Varicam (35, LT e Pure), ARRI Alexa LF e 65, Canon C300 Mk II, C500 e C700, Panavision DXL, além das Ursa Mini 4.6K e Ursa Mini Pro 4.6K, da Blackmagic Design. A Netflix exige o uso de câmeras com resolução 4K. Em relação aos formatos de gravação, é requerido um processamento mínimo linear de 16 bits ou log de 10 bits. A empresa orienta que nenhuma correção de cor ou aspecto seja aplicada nos arquivos originais da câmera, os quais devem manter todos os metadados, como nome do arquivo, código de tempo, taxa de quadros, ISO e white balance.

Câmeras ARRI

Com mais de um século de experiência, a renomada fabricante ARRI mantém sua posição como líder no padrão cinematográfico. Utilizada nas décadas de 1920 e 1940, foi somente após a Segunda Guerra Mundial que a empresa ganhou destaque, permitindo que diretores americanos em Hollywood adotassem as compactas Arriflex 35. Nas décadas de 1960 e 1970, diversos diretores desafiaram os equipamentos considerados padrão nos estúdios, principalmente com a Arriflex. A Arriflex 35 BL, por exemplo, foi utilizada por Martin Scorsese em filmes como *Taxi driver* (1976) e *Touro indomável* (1980). A partir da década de 1990, as câmeras Arriflex 435 e 535 registraram produções renomadas como *Star wars: episódio I* (1999), *O senhor dos anéis: as duas torres* (2002), *O quinto elemento* (1997) e *Vingadores* (2012). Durante os anos 2000, a Arricam esteve presente em filmes como *O segredo de Brokeback Mountain* (2005) e *Harry Potter e a pedra filosofal* (2001). A linha Alexa, a primeira câmera digital da empresa, foi lançada no início da década de 2010 e continua sendo a escolha predominante em grandes produções, incluindo sucessos como *Rogue one: uma história Star Wars* (2016), *Creed* (2015), *Vingadores: ultimato* (2019), *Shazam* (2019), entre outros.

Câmeras RED

A Red é outra fabricante reconhecida por suas câmeras de alta qualidade. Desde o lançamento da Red One em 2006, a empresa tem se destacado no mercado com suas inovações tecnológicas. As câmeras Red são populares em filmes independentes e na publicidade, oferecendo opções de captura em resoluções até 8K. Ao escolher os equipamentos para uma produção audiovisual, é importante considerar as necessidades específicas do projeto, o orçamento disponível e as características técnicas de cada câmera. A variedade de opções disponíveis no mercado oferece aos produtores a flexibilidade necessária para criar conteúdo de alta qualidade em diferentes contextos e ambientes de produção.

Microfones

São componentes essenciais para garantir a qualidade do áudio em suas produções de vídeo. Existem várias opções disponíveis, como microfones de lapela, direcionais e de estúdio. Escolha aquele que melhor atenda as suas necessidades e que seja compatível com sua câmera. A escolha do microfone é crucial, pois é responsável pela captação do som da voz, da música e de ruídos ambiente durante a gravação. Uma captação inadequada, mesmo com equipamentos de alta qualidade, pode comprometer a produção do vídeo.

Atualmente, o mercado oferece microfones de diferentes modelos e marcas, cada um com características específicas. É importante analisar cuidadosamente suas necessidades antes de escolher o microfone ideal para sua produção. Questões como o ambiente de gravação (estúdio ou externo), o número de pessoas a serem captadas, a importância do som ambiente e a distância de gravação devem ser consideradas. Vamos analisar algumas categorias de microfones, diferenciando-os em três aspectos principais:

Padrão de polaridade

- **Omnidirecionais:** captam o som de forma igual em todas as direções.

- **Bidirecionais:** captam o som igualmente nos eixos frontal e traseiro, rejeitando os sons laterais.

- **Cardioides:** captam sons emitidos a sua frente, reduzindo a captação de sons vindos de outras direções.

- **Super e hipercardioides:** captam sons à frente e parcialmente atrás do microfone; são úteis para captar fontes sonoras mais distantes.

Princípio de funcionamento

- **Microfones dinâmicos:** não necessitam de pilhas ou alimentação externa (phantom power), sendo robustos e de baixo custo. Devido à membrana menos flexível, isolam mais o som ambiente e aguentam altos níveis de pressão sonora, sendo ideais para gravações em locais barulhentos e de instrumentos com projeções elevadas de volume, como os percussivos e metais. No geral, são usados em estúdios fonográficos, em shows ao vivo, eventos, jornalismo in loco e produtoras de podcast.

- **Microfones de condensador:** também conhecidos como microfones capacitivos, amplamente utilizados em estúdios de gravação, possuem alta sensibilidade de captação devido à maior flexibilidade de sua membrana. Esse tipo de microfone de alta sensibilidade requer um controle maior do som ambiente. São bem utilizados em estúdios tratados acusticamente, mas podem ser usados em ambientes externos com o auxílio de acessórios como antipuffs, zeppelins ou windscreens. São muito usados em estúdios fonográficos, no jornalismo e no audiovisual em geral.

Tipos de microfone

- **Microfone de mão:** resistente e versátil, pode ser utilizado em diversos ambientes.

- **Microfone headset:** prático e conveniente, oferece fone e microfone acoplados em um único dispositivo.

- **Gooseneck:** conhecido pela sua haste flexível, é amplamente utilizado em palestras, auditorias, coletivas de imprensa e debates políticos devido a sua capacidade de ajuste. O pescoço flexível colabora para a comodidade do palestrante ou entrevistado.

- **Shotgun:** direcional e comum em grandes produções. Devido a um padrão polar específico, ele mais se propõe a captar em longo alcance, o que nem sempre significa que reduzirá ruídos externos. É um microfone pensado como um complemento direcional ao microfone de lapela, adicionando ambiência à fonte sonora. Quando não houver a possibilidade de uso de lapela, será o microfone referência do som direto ou do som guia, caso haja ADR (Automated Dialogue Replacement, ou ainda, Additional Dialogue Recording). Durante o processo de filmagem, os diálogos geralmente são captados através do som direto, com os atores atuando nas locações do filme e seus textos sendo gravados naquele exato momento. No entanto, nem sempre a qualidade do áudio atinge o nível esperado, seja devido a ruídos no ambiente ou problemas com o equipamento, exigindo a regravação dos diálogos em estúdio especializado na etapa de pós-produção. Nesse processo, os atores e atrizes regravam suas próprias vozes, respeitando a interpretação e o sincronismo labial originalmente executados.

- **Lapela:** discreto, é comumente usado em entrevistas, captando apenas a voz do usuário e minimizando o som ambiente. É necessário se atentar aos seus parâmetros de ajuste de frequência e sensibilidade para que não ocorra interferências em sua captação.

Ao escolher o microfone adequado para sua produção, leve em consideração esses aspectos para garantir a melhor qualidade de áudio possível.

Tripés

Essencial para manter a estabilidade da câmera e garantir imagens nítidas. Procure por um tripé resistente e fácil de ajustar para diferentes posições de gravação. Uma imagem tremida – simulando o efeito "câmera na mão" – pode combinar com o um projeto e criar um sentido no seu material final que está de acordo com a narrativa, mas isso deve ser sempre uma escolha, e não um erro.

Dependendo dos projetos trabalhados, uma imagem bem estabilizada é mais do que importante. Uma imagem tremida, quando fora de contexto, passa uma impressão de amadorismo, que um profissional, experiente ou iniciante, deve evitar sempre.

Um bom tripé não é um equipamento barato, mas sem dúvidas é um investimento sem arrependimentos. Além da estabilização da câmera, o tripé vai permitir atingir ângulos e alturas difíceis de fazer apoiado em outras superfícies. Para obter suavidade nos movimentos da câmera, é essencial buscar tripés com cabeça hidráulica.

Equipamentos de iluminação

A qualidade da iluminação é essencial na produção audiovisual, mesmo em ambientes externos. Ter uma iluminação adequada é fundamental para garantir imagens nítidas e claras. No mercado, há uma variedade de opções disponíveis, desde luzes de LED portáteis até kits profissionais. A iluminação requer atenção especial em qualquer produção audiovisual. Gravar durante o dia é o ideal para aproveitar a luz natural do sol, porém, quando isso não é possível, há equipamentos disponíveis para iluminar o ambiente de forma eficaz.

Refletores

Os refletores são dispositivos montados em pedestais que proporcionam iluminação ao ambiente. Geralmente posicionados atrás da câmera, direcionam a luz para iluminar o rosto do sujeito filmado. Para evitar sombras indesejadas, muitas pessoas utilizam rebatedores, que direcionam a luz para áreas específicas, como zonas sombreadas.

Fresnel

O fresnel oferece luz semidifusa quando o foco está aberto e luz dura quando o foco está fechado. Possui abas externas chamadas "bandôs" (do inglês *barndoor*), que ajudam a controlar a dispersão da luz. Disponível em diferentes potências, de 100 até 20.000 watts.

Aberto

Similar ao fresnel, porém sem lente frontal, produz uma luz que se espalha uniformemente, sem direcionamento específico.

Brut

Consiste em uma linha de luz intensa e ampla, formada por vários "faróis" dispostos em série ou paralelos.

Kino flood

Refletores montados com calhas paralelas de lâmpadas fluorescentes, garantindo controle preciso da temperatura de cor.

Sun gun

Refletor portátil de mão, usado para iluminar cenas em movimento, como corridas e perseguições.

LED

Os diodos emissores de luz, conhecidos como LED (sigla do termo inglês light emitting diode), são amplamente utilizados devido a sua eficiência energética. Encontrados em diversas aplicações, desde sinais de advertência até painéis de iluminação pública, oferecem uma redução significativa no consumo de eletricidade.

O mercado audiovisual está em constante expansão, o que desperta um crescente interesse na produção de conteúdo. A escolha dos equipamentos adequados pode parecer desafiadora, porém é crucial para assegurar a qualidade do produto. Ao decidir, leve em conta o orçamento disponível, as exigências específicas do projeto e realize uma pesquisa detalhada antes de efetuar qualquer compra. Com essas informações em mãos, é possível iniciar a produção de conteúdo com confiança, visando sempre à qualidade. É importante lembrar que a prática é fundamental para aprimorar as habilidades na produção audiovisual ao longo do tempo.

COMO LIDAR COM OS DIREITOS AUTORAIS DA OBRA?

Um mito amplamente divulgado é que se pode utilizar um trecho de filme ou de música para realizar uma obra audiovisual sem ferir os direitos autorais. Essa informação é incorreta! O uso de qualquer obra intelectual é protegido por lei e não se difere o tempo de utilização, ou seja, ou o projeto está devidamente autorizado a utilizar um trecho de vídeo ou de música, ou terá que providenciar o pagamento dos direitos autorais.

Os direitos autorais representam os direitos concedidos a todo criador de uma obra intelectual sobre sua criação. Esse direito se refere exclusivamente ao autor, conforme estipulado no artigo 5º, inciso XXVII da Constituição Federal do Brasil (Brasil, 1988). Além disso, a questão dos direitos autorais foi discutida em diversos tratados e convenções internacionais, sendo a Convenção de Berna uma das mais relevantes. No âmbito nacional, a legislação brasileira sobre direitos autorais é consolidada pela Lei nº 9.610, de 19 de fevereiro de 1998 (Brasil, 1998).

O direito autoral diz respeito às normas estabelecidas pela legislação para proteger as relações entre o criador e como sua obra é utilizada, sejam elas de natureza artísticas ou científicas, como livros, pinturas, músicas, ilustrações, fotografias, filmes, vídeos, roteiros, entre outras formas de expressão.

Dessa forma, o autor de uma obra intelectual, como pessoa física, tem o direito de receber os benefícios morais e patrimoniais decorrentes da exploração de sua criação. Além disso, os direitos autorais se estendem aos direitos conexos, que protegem os auxiliares da criação, como intérpretes, músicos acompanhantes, produtores fonográficos e empresas de radiodifusão, entre outros. Os direitos autorais são divididos legalmente em direitos morais e patrimoniais.

Os direitos morais garantem a autoria da criação ao autor da obra intelectual, enquanto os direitos patrimoniais se referem principalmente à exploração econômica da obra. É importante destacar que é um direito exclusivo do autor dispor de sua obra como desejar, podendo utilizá-la livremente e conceder permissões a terceiros, total ou parcialmente. Os direitos morais, ao contrário, são intransferíveis e irrenunciáveis.

Os direitos patrimoniais são passíveis de transferência ou cessão a terceiros, aos quais o autor outorga o direito de representar ou utilizar suas criações. Em situações de uso não autorizado, aquele responsável pelo uso indevido violará as normas de direitos autorais, sujeitando-se a processos judiciais tanto na esfera civil quanto na penal.

Conforme estabelecido pela Lei nº 9.610 (Brasil, 1998), os direitos autorais de todas as obras são automaticamente protegidos, ou seja, uma obra intelectual não requer registro para ter seus direitos garantidos. No entanto, o registro pode servir como prova inicial da autoria e, em certos casos, para determinar quem a divulgou publicamente primeiro. Isso é especialmente útil em situações em que os direitos autorais são violados e os autores ficam sem recursos para tomar medidas legais, pois nem sempre é fácil identificar os responsáveis pela cópia não autorizada e a apropriação indevida.

Por isso, o recomendado para garantir seus direitos autorais é dar entrada no processo de registro junto às autoridades competentes. São várias as instituições reguladoras, cada uma voltada para um tipo de produção. Elas contam com requerimentos para registro de direitos autorais e tornam mais fácil a obtenção dos direitos, bem como o rastreio de possíveis plágios.

Na indústria musical, o direito de incluir uma música em uma obra audiovisual é conhecido como direito de inclusão ou sincronização. Para usar uma música em um filme, novela ou comercial, uma produtora de filmes ou televisão precisa obter permissão do detentor da obra, geralmente mediante pagamento. O valor dessa autorização é negociado caso a caso entre o titular da música, a editora ou a gravadora.

Existem vários tipos de direitos relacionados à exploração de obras musicais e fonogramas, especificamente. Alguns desses direitos são exercidos diretamente pelos seus criadores, enquanto outros são administrados coletivamente. Com o objetivo de proteger, valorizar e garantir os direitos de titulares da classe artística, foi criado, em 1977, o Escritório Central de Arrecadação e Distribuição (Ecad) responsável por toda a arrecadação e distribuição de direitos autorais de execução pública musical. O Ecad é administrado por sete associações de música, que representam os artistas e demais titulares filiados a elas. O Ecad é o escritório que faz o recolhimento financeiro dos clientes que utilizam música e repassa esses valores aos artistas. Destaca-se que as responsabilidades legais e estatutárias do Ecad estão relacionadas à proteção dos direitos de execução pública de obras musicais. Já a defesa de outros tipos de direitos musicais, como os de sincronização e utilização em obras audiovisuais, é realizada diretamente pelos seus detentores ou por outras associações (Ecad, 2024).

Para utilizar músicas em obras audiovisuais, é preciso ter a autorização dos titulares de direito (autores, editores, produtoras, entre outros), não do Ecad. É necessária a autorização dos titulares de direito ou a música não deve ser usada, integral ou parcialmente. Caso esse procedimento não seja feito, seu produto audiovisual poderá ser bloqueado por falta de autorização e violação dos direitos autorais.

CUSTOS E ORÇAMENTOS

É importante entender que trabalhar com produção audiovisual não se limita a criar vídeos, mas também requer a habilidade de estabelecer um valor para o trabalho. Criar um projeto envolve custos e, portanto, é essencial elaborar um orçamento. O objetivo é que o cliente compreenda o valor do serviço oferecido e o escopo do projeto que está sendo cotado. É necessário calcular todos os custos, incluindo horas de trabalho, equipamentos e, se necessário, contratação de terceiros.

A apresentação do orçamento deve ser transparente e estruturada, permitindo que o cliente avalie e compreenda o valor do serviço oferecido. O cuidado principal é garantir que o preço seja justo em relação ao trabalho realizado.

Implementar um cronograma é essencial, mas também é importante cumpri-lo com precisão. Antes de iniciar a produção do vídeo, é fundamental estudar o cronograma para entender como e quando cada elemento será utilizado. É importante estar preparado para ajustes e imprevistos que possam surgir durante o processo de produção.

Um dos aspectos mais cruciais para qualquer produção audiovisual são os recursos financeiros. Sem dinheiro para alugar estúdios, desenvolver figurinos, adquirir equipamentos e outros gastos necessários, a realização do projeto se torna inviável. Um orçamento apertado pode comprometer a qualidade do resultado, portanto os produtores devem calcular os custos envolvidos e buscar financiamento de patrocinadores, investidores ou outras fontes de financiamento disponíveis.

Listar todos os gastos e investimentos necessários para a realização do projeto audiovisual é essencial, inclusive registrando no orçamento o pagamento de pessoal, ou seja, a contratação de equipe técnica e empresas de suporte, como limpeza, segurança e infraestrutura.

É importante dar atenção aos preços de mercado e ao princípio da razoabilidade. Além disso, analise também se o custo total do projeto é razoável em relação ao número de pessoas que terá acesso ao projeto.

MECANISMOS DE FINANCIAMENTO

O financiamento desempenha um papel fundamental na concepção de um projeto. Durante o processo de desenvolvimento, após uma análise dos custos, é importante compreender como o projeto será financiado. A estratégia envolve a formulação de um sólido plano de financiamento, garantindo que o orçamento do projeto seja devidamente coberto.

No âmbito do investimento público, no Brasil, existem dois principais mecanismos de financiamento para produção audiovisual: a Lei do Audiovisual (Brasil, 1993) e o Fundo Setorial do Audiovisual (FSA). Enquanto o primeiro é caracterizado como mecanismo de renúncia fiscal, ou seja, um incentivo indireto, o FSA opera como mecanismo de financiamento direto. Além desses, há diversos mecanismos estaduais e municipais que incentivam, apoiam e financiam projetos culturais e, portanto, projetos audiovisuais.

Além dos recursos públicos, há também os investimentos privados e formas de patrocínio, publicidade ou investimento direto por parte dos exibidores, especialmente quando estes têm relação próxima com a produtora responsável pelo projeto. Vamos explorar a seguir algumas dessas formas de financiamento.

Editais

Editais são frequentemente lançados por instituições governamentais, organizações não governamentais (ONGs) e empresas privadas com o objetivo de financiar projetos audiovisuais. Tais editais geralmente estabelecem critérios e requisitos para participação, e os projetos selecionados são contemplados com financiamento. É crucial estar atento aos prazos e às diretrizes de cada edital para garantir uma participação eficaz. Associações culturais, emissoras educativas e organizações como film commissions (entidades que atraem e incentivam produções audiovisuais em estados ou municípios) também lançam editais para fomentar novos projetos.

Lei Rouanet (atual lei de incentivo à cultura)

Após o encerramento da Embrafilme, o setor audiovisual brasileiro passou a se beneficiar de leis e mecanismos de incentivo por meio de isenções fiscais. Esses dispositivos, integrados a uma política audiovisual mais ampla e constante desde o período da retomada, têm desempenhado um papel significativo no crescimento e na estabilização do setor no país.

A renomada Lei Rouanet, agora denominada Lei de Incentivo à Cultura (Brasil, 1991), é voltada para projetos culturais e foi estabelecida durante o governo Collor (1990-1992), em substituição à Embrafilme e a outros órgãos de fomento à cultura. A lei funciona como uma política de incentivos fiscais para projetos e ações culturais. Pessoas físicas e jurídicas podem destinar parte de seu imposto de renda devido para esses projetos, totalizando mais de 3 mil projetos anualmente. Isso representa um estímulo para que o setor privado invista em cultura, configurando um tipo de incentivo indireto. As empresas podem destinar até 4% de seu imposto devido ao projeto, enquanto as pessoas físicas podem destinar até 6%. Esses limites concorrem com os estabelecidos para os mecanismos de incentivo da Lei do Audiovisual.

A Lei Rouanet (Brasil, 1991) institui o Programa Nacional de Apoio à Cultura (Pronac) com o objetivo de direcionar recursos para investimentos em projetos culturais. Os produtos e serviços resultantes desses investimentos serão destinados à exibição, utilização e circulação pública. No que diz respeito ao audiovisual, entre 2006 e 2007, a Lei Rouanet (Brasil, 1991) deixou de aceitar longas de ficção, e os longas documentais passaram a não receber 100% do imposto gerado para a produção. A Ancine é responsável por aprovar ou não a maioria dos projetos.

Durante o governo de Jair Bolsonaro, em abril de 2019, houve uma redução significativa no valor máximo permitido por projeto para captação, de R$ 60 milhões para R$ 1 milhão, exceto para a restauração de patrimônio tombado.

O valor máximo que as empresas podiam captar, anteriormente de R$ 60 milhões, foi reduzido para R$ 10 milhões e, posteriormente, para R$ 6 milhões, com as novas regras publicadas pelo governo. Essas mudanças foram alvo de críticas de artistas e parlamentares, uma vez que inviabilizaram diversos projetos culturais e produções audiovisuais, especialmente no cinema.

Lei do Audiovisual

A Lei do Audiovisual (Brasil, 1993) representa uma das mais significativas legislações para a cultura brasileira, promovendo o incentivo à produção audiovisual e emergindo como a área cultural de maior retorno para a economia do país. Instaurada em 1993, essa lei foi concebida para simplificar o processo de financiamento para empresas, pessoas físicas e produtores culturais, e é reconhecida também como Lei nº 8.685/1993. A liberação de recursos é supervisionada pela Ancine e as inscrições estão abertas ao longo de todo o ano.

Essa legislação permite que tanto pessoas físicas quanto jurídicas patrocinem projetos audiovisuais aprovados, com a possibilidade de abater os valores na declaração do imposto de renda. Na prática, isso implica em um incentivo fiscal para quem contribui. Por exemplo, um negócio que paga R$ 15 milhões de imposto de renda pode oferecer R$ 600 mil como incentivo. Além de proporcionar benefícios para os patrocinadores, essa lei é fundamental para os artistas do cinema. Com um mecanismo de captação mais acessível do que os editais, oferece uma excelente oportunidade para transformar projetos em realidade e levá-los para as telas, capacitando os idealizadores e estimulando o mercado.

A Lei do Audiovisual (Brasil, 1993) revolucionou a produção cinematográfica no Brasil e trouxe benefícios para criadores, apoiadores e a sociedade em geral. Por meio dela, podem ser realizadas diversas produções audiovisuais, incluindo longas, médias ou curtas-metragens, minisséries, obras seriadas, programas de televisão de caráter cultural ou educativo, filmes para televisão, festivais, distribuição de filmes, preservação de acervos e infraestrutura técnica.

O funcionamento dessa lei se baseia principalmente nos artigos 1º e 1º-A. O artigo 1º permite o abatimento de 100% dos valores patrocinados do imposto de renda devido e concede aos patrocinadores certificados de investimento audiovisual (CAV), tornando-os sócios da produção audiovisual. Já o artigo 1º-A autoriza os contribuintes a deduzirem 100% do valor patrocinado do imposto de renda devido, sem a obtenção do CAV. A escolha entre os artigos 1º e 1º-A é feita pelo proponente do projeto. O artigo 1º oferece mais vantagens ao patrocinador, vinculando-o aos lucros da produção, o que facilita o processo de convencimento. Já o artigo 1º-A não permite o lançamento do patrocínio como despesa operacional nem a obtenção do CAV.

A redução dos impostos e a simplificação na carga tributária são apenas algumas das vantagens para quem contribui com um projeto da Lei do Audiovisual (Brasil, 1993). Além disso, toda realização oferece contrapartidas, como exposição da marca do patrocinador na produção e em eventos relacionados, a possibilidade de se tornar sócio do filme e lucrar com seu desempenho, bem como benefícios relacionados às estratégias de marketing e ao fortalecimento da marca. As regras de contemplação são estabelecidas pela Ancine, e a apresentação do projeto deve seguir a Instrução Normativa nº 125/2015 (Brasil, 2015) da instituição para captar os recursos disponíveis.

Fundo Setorial do Audiovisual (FSA)

Outro mecanismo de fomento é o Fundo Setorial do Audiovisual (FSA), que contempla os diversos segmentos da cadeia produtiva do setor – da produção à exibição, passando pela distribuição/comercialização e pela infraestrutura de serviços – mediante a utilização de diferentes instrumentos financeiros. Regulamentado em 2007, é destinado ao financiamento de toda a cadeia produtiva das produções audiovisuais, sendo a principal ferramenta de financiamento público ao audiovisual brasileiro. A maior fonte de investimento do Fundo vem do imposto chamado Condecine (Contribuição para o Desenvolvimento da Indústria Audiovisual Nacional).

Para usar o fundo, é preciso ter uma produtora registrada na Ancine e ficar de olho nos editais lançados pela agência, dedicados à produção e distribuição de filmes. É preciso estar dentro do perfil, ou seja, atender a todas as especificações do edital escolhido.

O financiamento coletivo (crowdfunding)

O financiamento coletivo, também conhecido como crowdfunding, é uma prática na qual várias pessoas ou fontes contribuem financeiramente para apoiar um novo projeto. Normalmente, os empreendedores utilizam as redes sociais para compartilhar suas plataformas ou ideias, com o objetivo de inspirar outras pessoas a contribuirem para uma campanha de financiamento.

Muitos projetos audiovisuais, especialmente os mais independentes, recorrem ao financiamento coletivo como uma alternativa viável. Combinado ou não com editais públicos, esse tipo de financiamento pode ajudar desde a fase de desenvolvimento do roteiro até a distribuição em festivais importantes. No Brasil, é comum encontrar indivíduos que apoiam a ideia de "produzir seu próprio filme" como uma forma de contornar a falta de incentivos públicos por meio da Ancine.

Nos últimos anos, o foco de Hollywood em produzir apenas grandes franquias deixou muitos diretores e produtores independentes sem apoio. Nomes conhecidos, como Gus Van Sant, precisaram recorrer a campanhas de financiamento coletivo para obter recursos para seus novos projetos, mesmo utilizando suas reputações para atrair contribuições. Dessa forma, o financiamento coletivo deixou de ser exclusivo para produtores iniciantes e se tornou uma alternativa válida e praticamente permanente para projetos audiovisuais de todos os tipos.

Entretanto, é importante notar que, apesar de ser uma alternativa válida, o financiamento coletivo não difere muito dos incentivos públicos. Mesmo sendo financiado por dinheiro privado, o produtor do projeto ainda precisa prestar contas sobre o uso dos recursos para a realização cinematográfica.

O financiamento coletivo para filmes não difere muito da captação de recursos por meio da Lei do Audiovisual ou Rouanet. Em todas essas formas, é necessário divulgar o projeto para atrair patrocinadores, que, no caso do crowdfunding, se tornam apoiadores. É possível lançar uma campanha para financiar todo o orçamento do projeto ou apenas algumas etapas específicas.

Apesar da incerteza na política cultural brasileira, em alguns casos é possível combinar o financiamento coletivo para filmes com editais regionais de produção, o que pode ser útil para completar o orçamento total do projeto. Algumas das principais plataformas de crowdfunding incluem: Catarse, Benfeitoria, Kickante, Vakinha e EqSeed.

CRONOGRAMA DE DESENVOLVIMENTO

O planejamento do cronograma é fundamental na organização de todas as fases do projeto, desde a pré-produção até a administração, de maneira estratégica, levando em consideração o orçamento e a equipe técnica envolvida.

Manter um acompanhamento rigoroso do cronograma é essencial, mesmo que não se saiba exatamente quando cada fase será concluída. Para evitar erros, é recomendável listar todas as tarefas necessárias e organizá-las em uma sequência lógica, estimando o tempo necessário para cada uma. Experiências anteriores ou projetos similares podem servir como referência para essa estimativa. Um plano bem elaborado oferece uma visão clara do tempo requerido para cada etapa.

Um cronograma detalhado auxilia na organização da produção, permitindo que todos os envolvidos compreendam os prazos e contribuam para o progresso do projeto. Ele divide o processo em partes gerenciáveis, atribuindo responsabilidades e estabelecendo prazos para cada entrega. Essa abordagem ajuda a manter o foco nas atividades necessárias, evitando atrasos e garantindo uma entrega final bem-sucedida.

Na prática, o cronograma divide a entrega em partes menores, facilitando sua execução e acompanhamento. Um dos papéis fundamentais do produtor é definir e monitorar o cronograma de todas as etapas do projeto. Isso assegura que a equipe mantenha o ritmo e que as atividades sejam concluídas dentro do prazo estabelecido, evitando atrasos que possam prejudicar o lançamento. A participação de partes estratégicas, como os patrocinadores, é essencial para garantir que todos estejam alinhados com o plano estabelecido. Um cronograma bem estruturado permite que todos os envolvidos planejem suas atividades e desenvolvam uma estratégia de lançamento eficaz.

CRONOGRAMA DE PRODUÇÃO

CRONOGRAMA GERAL

ETAPAS DE PRODUÇÃO	Mês 1	Mês 2	Mês 3	Mês 4	Mês 5	Mês 6	Mês 7	Mês 8	Mês 9	Mês 10	Mês 11	Mês 12
Pré-produção												
Produção												
Pós-produção												

CRONOGRAMA DETALHADO

TAREFAS/ATIVIDADES	Sem.1	Sem.2	Sem.3	Sem.4	Sem.5	Sem.6	Sem.7	Sem.8	Sem.9	Sem.10	Sem.11	Sem.12
PRÉ-PRODUÇÃO												
Pesquisa e busca de referências	■											
Contratação do roteirista	■											
Desenvolvimento do roteiro	■											
Contratação da direção	■											
Contratação da equipe de produção, luz e som	■	■										
Levantamento dos direitos autorais das músicas	■	■										
Levantamento de autorizações	■	■										
Levantamento dos equipamentos (compra e/ou aluguel)	■	■										
Casting de atores			■	■	■							
Produção de locações		■	■									
Decupagem do roteiro			■	■								
Desenvolvimento do storyboard				■	■							
Busca de apoio/patrocínios/parcerias					■	■	■	■	■			
Inscrição em projetos de lei			■	■	■	■						
PRODUÇÃO												
Reunião geral para apresentação da proposta de direção					■							
Produção de arte e figurino					■	■	■					
Revisão da decupagem					■	■						
Gravações em estúdio							■	■				
Gravações externas							■	■				
PÓS-PRODUÇÃO												
Edição								■	■			
Sonorização									■			
Correção de cor										■		
Edição do trailer									■			
Lançamento do trailer/teaser											■	
Inserção de legendas, libras, gráficos										■		
Divulgação dos cartazes					■	■						
Divulgação na mídia (redes sociais, tv, rádio)			■	■	■	■	■					
Pré-lançamento											■	
Exibição											■	■
Fechamento de contratos								■				
Prestação de contas												■
Organização da documentação											■	■

Observação: Os tempos aqui na tabela não são reais, apenas uma demonstração para o preenchimento. Alguns itens podem ser inseridos ou retirados conforme a demanda da sua produção.

COMO DIVULGAR E DISTRIBUIR SEU PROJETO

O plano de distribuição deve trazer todas as informações acerca da quantidade e do preço de um produto cultural, bem como a forma como será distribuído. O canal de exibição, como o próprio nome diz, é onde a obra audiovisual será veiculada. Em qual mercado ela irá circular inicialmente? Há várias possibilidades, como as salas de exibição, canais de televisão paga, televisão aberta, plataformas de streaming e outras plataformas digitais. É importante direcionar o projeto para uma exibição e assim alinhar seus objetivos.

É muito importante conhecer o perfil de conteúdo com o qual trabalham, para não ofertar um projeto que não se relacione com o canal. É importante ter em mente também que, em alguns casos, os canais podem pedir adaptações no projeto para que melhor se adeque à grade, ao portfólio de produtos ou à estratégia e ao conteúdo do player.

Cada tipo de mercado possui maneiras diferentes de monetizar a obra audiovisual. É importante ter isso em mente, pois essas receitas geradas pelo projeto podem ajudar a viabilizar o orçamento de produção da própria obra ou, ainda, de projetos futuros da produtora.

A indústria audiovisual é composta por três elementos cruciais em sua cadeia produtiva: produção, distribuição e, finalmente, exibição. Esses elementos se entrelaçam de forma interdependente. Cada fase envolve diversas empresas e profissionais especializados em atividades específicas, estabelecendo acordos para a produção e circulação de produtos audiovisuais, como filmes de longa-metragem ou conteúdos de outros formatos, como filmes para televisão, séries e programas televisivos.

A necessidade de acordos, organização e equilíbrio entre os elos da cadeia (produção, distribuição e exibição) é fundamental para o funcionamento eficiente do setor audiovisual, especialmente considerando o alto grau de incerteza econômica dessa indústria devido aos elevados custos fixos e à competição acirrada com grandes empresas que dominam boa parte das atividades. Dentro desses elos, a exibição é o setor que tradicionalmente vende ingressos e apresenta os filmes ao público consumidor. Essa fase atua como uma ponte entre o público e o filme, possibilitando o retorno do investimento realizado na produção da obra.

As salas de cinema, em geral, são a primeira janela de exibição para os filmes de longa-metragem, sendo frequentemente consideradas como vitrines para esses produtos. No entanto, além das salas de cinema, compreende-se que uma obra audiovisual pode ser exibida em diversos outros segmentos de mercado, como televisão por assinatura, televisão aberta e serviços de streaming, permitindo que um produto audiovisual circule por um longo período e alcance o consumidor de diversas maneiras e em diferentes telas. A exibição é um setor competitivo tanto entre as janelas de exibição quanto entre as empresas dentro do mesmo segmento de mercado.

Festivais e mostras de cinema

A partir da década de 2000, com o aumento do financiamento público para a produção audiovisual no Brasil, surgiram alternativas para a exibição de filmes que não encontravam espaço nos cinemas comerciais. A limitada disponibilidade nas salas tradicionais para filmes nacionais, aliada à natureza autoral de grande parte da produção brasileira, especialmente durante a retomada do cinema brasileiro, gerou interesse e a necessidade de exibir esses filmes em diversos espaços, como mostras, festivais, cineclubes, salas de arte e projetos itinerantes, incluindo exibições em praças públicas e escolas. Nesse contexto, é relevante considerar o papel das salas de arte e espaços culturais na exibição de filmes. Apesar de ser um mercado de nicho, esses locais são importantes na diversidade cinematográfica do país.

Quanto aos festivais audiovisuais, o Brasil possui um dos circuitos mais importantes e diversificados do mundo, conforme informações do Painel Setorial dos Festivais Audiovisuais, com dados dos anos de 2007 a 2009 (Leal; Mattos, 2011). Esse circuito é composto por eventos de diferentes perfis econômicos e históricos, abordando diversas temáticas. Cada festival contribui para a difusão de produções que não encontram espaço nas salas comerciais do país.

No entanto, apesar da relevância desse circuito alternativo, há uma escassez de indicadores ou informações organizadas, ao contrário do mercado convencional. Embora haja relatórios anuais e outros documentos sobre o mercado exibidor nacional disponíveis no site da Ancine, dados atualizados sobre os festivais audiovisuais são difíceis de encontrar. O Painel Setorial dos Festivais Audiovisuais dos anos de 2007 a 2009 é uma das principais fontes de informação sobre o tema, utilizando dados do Fórum dos Festivais, do Guia Kinoforum de Festivais Audiovisuais e do Diagnóstico Setorial dos Festivais Audiovisuais.

Com o passar do tempo, a rede de festivais e mostras de cinema se tornou um circuito estratégico de ampla cobertura nacional, atraindo mais de 2,8 milhões de espectadores por ano e levando o cinema para diversas regiões do país. Em 2011, foram realizados 141 festivais em todo o Brasil, número que aumentou para mais de 250 em 2014 e para 318 em 2015, conforme dados do Guia Kinoforum e do Fórum dos Festivais. Esses eventos vão desde iniciativas independentes até festivais tradicionais e consolidados, como a Mostra Internacional de Cinema de São Paulo, o Festival do Rio, o festival É Tudo Verdade e o Cine PE – Festival Audiovisual.

FORMATAÇÃO DE UM PROJETO AUDIOVISUAL

Agora vamos apresentar os tópicos mais comuns que são solicitados para a elaboração de um projeto audiovisual. Lembrando que um projeto audiovisual é um projeto cultural e, em alguns editais, pode-se englobar o projeto audiovisual na mesma categoria. Assim, não há um único modelo de projeto cultural, pois este varia de acordo com o produto, serviço ou bem a ser produzido, sua escala e complexidade, bem como o contexto em que se insere. Destaca-se também que é essencial se atentar aos tópicos solicitados nos editais para atender a determinadas especificações:

- **Introdução/apresentação:** aqui deve ser descrito brevemente o que é o projeto, o que se pretende produzir. Uma técnica para fazer a apresentação é a do 5W2H, uma sigla para as sete perguntas que precisam de respostas ao usar a ferramenta: what (o que), who (quem), when (quando), where (onde), why (por que?), how (como) e how much (quanto).

- A apresentação do projeto contribui para um primeiro olhar dos avaliadores, pareceristas ou possíveis patrocinadores/apoiadores. Sejam editais públicos ou privados, a apresentação do projeto deve ser concisa e direta, sem muitos adjetivos ou elogios. Deve-se explicar em poucas linhas o que se pretende executar e como será feito, levando-se em conta os resultados esperados.

- **Objetivos do projeto (o que queremos com este projeto?):** depois da apresentação, passa-se a definir o objetivo do projeto, ou seja, que produto audiovisual será gerado, sendo importante ser direto, sem adjetivos ou termos de efeito que possam confundir o leitor. Deve-se descrever o que se pretende realizar, como será desenvolvido e o resultado esperado, além dos impactos que poderão trazer. Pode-se atribuir mais de um objetivo para o projeto criado.

- **Justificativa do projeto:** "Como meu projeto se integrará à sociedade?" "Qual necessidade social ele visa atender?" "A que causa estou contribuindo com esta iniciativa?" A justificativa deve ser embasada em argumentos que destacarão a relevância da realização do seu projeto cultural e/ou social.

  Originalidade e relevância devem ser elementos fundamentais em sua justificativa. Você identificou uma lacuna na sociedade e busca preenchê-la com seu projeto, então é crucial compreender como ele irá suprir essa demanda que você identificou. Mantenha-se equilibrado e racional em sua abordagem, apresentando os cenários de forma ponderada. Ao fazer isso, suas chances de persuadir o avaliador serão ampliadas. Por que o projeto deve ser financiado? Qual a relevância atual do projeto?

- **Equipe:** organizar e liderar uma equipe de projetos audiovisuais é, sem dúvida, uma das etapas mais cruciais da sua iniciativa. Neste momento, é fundamental considerar os profissionais que serão essenciais para o sucesso do seu projeto, em todas as etapas de produção. Além da equipe técnica, pode-se adicionar profissionais como um contador (para auxiliar nas questões relativas à prestação de contas, principalmente em relação aos mecanismos de financiamento público) e um advogado para auxiliar nas questões legais, principalmente envolvendo os direitos autorais, seja de utilização de obras de terceiros, como proteção do projeto.

- **Público-alvo:** a quem seu projeto se destina? Exclusivamente a homens? Mulheres? Ambos os sexos? Crianças e adolescentes? Idosos? Qual a faixa etária específica? Em relação à classe social, a quem ele visa atingir? E quanto à localização geográfica, qual cidade e região são alvos? Entender o público-alvo é fundamental para a relevância social de sua proposta, e compreender seus hábitos, comportamentos e costumes é essencial para envolvê-los. Uma estratégia útil para definir seu público com precisão é a criação de uma persona.

- **Etapas do projeto:** utilize ferramentas como planilhas digitais (Excel ou Google Drive), quadros, lousas e cadernos para definir o passo a passo a ser executado para alcançar os objetivos do projeto. Recomenda-se dividir o projeto em três partes: pré-produção (conceito), produção (execução) e pós-produção e mensuração dos resultados, detalhando todas as etapas de trabalho e o tempo de cada uma.

- **Orçamento:** as etapas anteriores vão guiar a elaboração do seu orçamento. Aqui, é crucial listar todos os custos para a execução do seu projeto. Considere os profissionais a serem contratados, serviços terceirizados, aluguel de espaços e equipamentos, materiais de divulgação e outros. Muitas vezes, o orçamento é construído com base nos recursos disponíveis em editais, portanto seja realista quanto ao investimento necessário para realizar o projeto. Analise a quantidade, o custo unitário, a frequência e o custo total de cada item. Utilize planilhas para se organizar e, se possível, conte com a assistência de outros profissionais para evitar erros comuns na elaboração do plano financeiro. O orçamento é um dos aspectos fundamentais a serem avaliados por qualquer revisor, pois o alcance das metas e objetivos depende dele. Além disso, esteja atento às regulamentações sobre o uso dos recursos obtidos e mantenha registros detalhados de todas as transações. Não se esqueça: cumpra com as obrigações fiscais.

- **Plano de divulgação:** planejar a divulgação do seu projeto é uma parte essencial para conectar seu público-alvo com a iniciativa. Ao contrário do que muitos imaginam, divulgar ou comunicar um projeto requer trabalho e demanda planejamento, muitas vezes negligenciado pelos próprios produtores. Criar uma audiência é um elemento crucial para o sucesso do seu projeto, afinal você está criando algo para alguém; caso contrário, talvez seja melhor reconsiderar sua ideia. Ao observar constantemente a construção da sua audiência, você deve considerar maneiras de alcançá-la (sugerimos contar com uma equipe para ajudar na elaboração de estratégias de comunicação). Onde está o seu público? Quais são os meios de comunicação que ele utiliza? Onde ele passa a maior parte do tempo e com quem? Responder a essas perguntas irá orientar você sobre os materiais de divulgação nos quais investir.

- **Plano de contrapartidas:** as contrapartidas podem abranger aspectos sociais, ambientais e institucionais. Uma vez que a maioria dos projetos culturais e/ou sociais se associa a parceiros que contribuem financeiramente para a iniciativa, espera-se um retorno ou reciprocidade pelo apoio fornecido. No caso da contrapartida social, refere-se ao envolvimento com a sociedade e a comunidade atendida pelo seu projeto. O objetivo é impactar diretamente o contexto social por meio da iniciativa. Isso pode incluir a realização de oficinas, a criação de espaços culturais, intervenções artísticas ou a doação de ingressos, itens promocionais ou materiais adquiridos durante o projeto. Além disso, envolve ações de apoio à autoestima, cuidados com a saúde e outras iniciativas gratuitas e acessíveis para pessoas que não têm recursos para custear esses serviços.

  Pode-se utilizar a contrapartida ambiental, que engloba ações voltadas para a redução do impacto ambiental causado pelo projeto. Isso pode incluir a coleta consciente de resíduos, como garrafas de plástico, vidros e madeira, além de programas de educação ambiental, uso de materiais reciclados e doação de recursos para organizações sociais, bem como iniciativas de plantio de mudas, entre outras.

Uma das mais utilizadas é a contrapartida institucional, que se refere às ações relacionadas à imagem institucional (marca) dos parceiros envolvidos. Essas ações visam definir como a marca do parceiro será apresentada no projeto, por meio de espaços em materiais gráficos, digitais e menção na abertura de eventos e publicações em redes sociais. É importante ressaltar que uma contrapartida institucional responsável e transparente também é uma iniciativa com viés sustentável, especialmente considerando que muitos parceiros estão presentes devido a incentivos fiscais. Manter esse relacionamento positivo para futuras ações é uma responsabilidade essencial.

Como ressaltamos, esses são os tópicos mais comuns, mas, conforme o projeto e para onde será enviado, pode-se orientar e incluir questões como quais equipamentos serão utilizados, as formas de financiamento, as referências visuais e/ou sonoras.

ARREMATANDO AS IDEIAS

Todo produto audiovisual que assistimos surge de uma ideia e todo criador tem ideias. O que diferencia cada um é a capacidade de transformar seu conceito em um projeto viável. As ideias, ainda no campo criativo, podem ser incrementadas e modificadas a partir de referências que vão ajudar a transformá-las em imagens. Organizar processos e estratégias é crucial nessa fase de criação. Para tanto, existem metodologias que auxiliam o trabalho sem restringir a liberdade criativa, a qual também é essencial. Mais do que apenas ter uma ideia, é importante saber para quem se está criando, qual o seu público-alvo. Dessa forma, podemos usar algumas técnicas que ajudam a definir o público-alvo e a classificação indicativa de um projeto audiovisual.

Outro ponto importante é a definição de equipe; saber quais e quantos profissionais irão participar de cada etapa é essencial para levantar os custos. O planejamento dos equipamentos a serem utilizados durante a gravação e finalização também é indispensável. Lembre-se de que a área audiovisual é uma área tecnológica em constante mudança e, com equipamentos sendo incorporados ano a ano no mercado, sua equipe poderá auxiliar – e muito – na definição das ferramentas para o seu projeto.

Criar um projeto envolve custos, portanto é essencial elaborar um orçamento. O objetivo é que o cliente compreenda o valor do serviço oferecido e o escopo do projeto que está sendo cotado. É necessário calcular todos os custos, incluindo horas de trabalho, equipamentos e, se necessário, a contratação de terceiros. Ao prever antecipadamente como cada cena será filmada, o desperdício de tempo e recursos durante as gravações é evitado. Isso reduz custos e retrabalhos, resultando em um processo mais eficiente.

A etapa de buscar possíveis apoiadores e financiadores para o projeto é definitiva e, por isso, deve-se ter todos os pontos anteriores muito bem definidos. Lembre-se de que podem ser utilizados financiamentos públicos, como as leis de incentivo e editais criados por órgãos públicos, assim como financiamentos privados: de financiamentos coletivos (crowdfunding) a fundos de empresas criados para aporte de novas ideias e projetos.

Exibir seu produto audiovisual é uma maneira de o público conhecer o seu trabalho. A distribuição e a exibição de um filme em grandes salas de cinema não é uma tarefa fácil, por isso recorrer a mostras e festivais é uma etapa importante para se tornar conhecido e atingir o seu público. Não podemos esquecer que as redes sociais e plataformas como YouTube e o Vimeo podem ser utilizadas estrategicamente, não apenas na divulgação, mas como uma plataforma de exibição.

Deixamos aqui um modelo com os tópicos principais de um projeto audiovisual, que podem te guiar na criação e na formatação da sua proposta: introdução, objetivos, justificativa, equipe, público-alvo, etapas do projeto, orçamento, plano de divulgação, plano de contrapartidas. Conforme o edital ou o produto que se está criando, pode haver algumas alterações, mas, de modo geral, esses tópicos auxiliarão no seu desenvolvimento.

Agora, mãos à obra! Tire suas ideias da cabeça, coloque-as no papel e transforme-as em um grande produto audiovisual!

Referências

ABRIL CULTURAL E INDÚSTRIA. **Nosso século (1930/1945)**. São Paulo: Abril Cultural, 1985a. v. I e II.

ABRIL CULTURAL E INDÚSTRIA. **Nosso século (1945/1960)**. São Paulo: Abril Cultural, 1985b. v. I e II.

ADORNO, Theodor W. **Indústria cultural e sociedade**. Rio de Janeiro: Paz e Terra, 2006.

ADORNO, Theodor; HORKHEIMER, Max. **Dialética do esclarecimento**. Rio de Janeiro: Zahar, 1985.

AGÊNCIA BRASIL. Pela primeira vez em 35 anos, vendas de vinil ultrapassam as de CD. **Época**, 2023. Disponível em: https://exame.com/pop/pela-primeira-vez--em-35-anos-vendas-de-vinil-ultrapassam-as-de-cd/. Acesso em: 7 mar. 2024.

AMORIM, Edgar Ribeiro do (coord.). **TV ano 40**: quadro cronológico da televisão brasileira – 1950-1990. São Paulo: CCSP, 1990.

A REDE social. Direção: David Fincher. Produção: Scott Rudin, Dana Brunetti, Michael De Luca, Ceán Chaffin. Intérpretes: Jesse Eisenberg, Andrew Garfield, Justin Timberlake, Armie Hammer *et al*. Roteiro: Aaron Sorkin, Ben Mezrich. West Holliwood: Relativity Media, 2010, filme (121 min), son. color.

ARONCHI DE SOUSA, José Carlos. **Gêneros e formatos na televisão brasileira**. São Paulo: Summus, 2004.

ÁVILA, Renato Nogueira Perez. **Streaming**: crie sua própria rádio web e TV digital. Rio de Janeiro: Ciência Moderna, 2008.

BARBOSA JUNIOR, Alberto Lucena. **Arte da animação**: técnica e estética através da história. São Paulo: Editora Senac, 2002.

BENJAMIN, Walter. **A obra de arte na época de sua reprodutibilidade técnica**. Porto Alegre: Zouk, 2012.

BERTHOLD, Margot. **História mundial do teatro**. São Paulo: Perspectiva, 2004.

BRANDOM, Russel. What languages dominate the internet? **Rest of World**, 2023. Disponível em: https://restofworld.org/2023/internet-most-used-languages/. Acesso em: 1 out. 2024.

BRASIL. Câmara dos Deputados. **Projeto de Lei nº 8.889, de 18 de outubro de 2017**. Dispõe sobre a provisão de conteúdo audiovisual por demanda (CAvD) e dá outras providências. Brasília, DF: Câmara dos Deputados, 2013. Disponível em: https://www.camara.leg.br/proposicoesWeb/fichadetramitacao?idProposicao=2157806. Acesso em: 24 abr. 2024.

BRASIL. Ministério da Cultura. **Instrução Normativa Ancine nº 125, de 22 de dezembro de 2015**. Regulamenta a elaboração, apresentação, análise, aprovação e acompanhamento da execução de projetos audiovisuais de competência da ANCINE realizados por meio de ações de fomento indireto e de fomento direto, revoga a Instrução Normativa nº 22, de 30 de dezembro de 2003, e dá outras providências. Brasília, DF: Ministério da Cultura, 2015. Disponível em: https://antigo.ancine.gov.br/pt-br/node/18029. Acesso em: 26 abr. 2024.

BRASIL. Ministério da Justiça. **Manual da nova classificação indicativa**. Brasília, DF: Ministério da Justiça, 2006b. Disponível em: https://www.gov.br/mj/pt-br/assuntos/seus-direitos/classificacao-1/manual-da-nova-classificacao-indicativa.pdf. Acesso em: 24 abr. 2024.

BRASIL. Ministério da Justiça. **Portaria nº 368, de 11 de fevereiro de 2014**. Regulamenta as disposições da Lei nº 8.069, de 13 de julho de 1990, da Lei nº 10.359, de 27 de dezembro de 2001, e da Lei nº 12.485 de 12 de setembro de 2011, relativas ao processo de classificação indicativa. Brasília, DF: MInistério da Justiça, 2014. Disponível em: https://dspace.mj.gov.br/handle/1/810. Acesso em: 24 abr. 2024.

BRASIL. Ministério da Justiça e Segurança Pública. **Guia prático de classificação indicativa**. 4. ed. Brasília, DF: Ministério da Justiça e Segurança Pública, 2021. Disponível em: https://www.gov.br/mj/pt-br/assuntos/seus-direitos/classificacao-1/paginas-classificacao-indicativa/CLASSINDAUDIOVISUAL_Guia_27042022versaofinal.pdf. Acesso em: 24 abr. 2024.

BRASIL. Presidência da República. **Constituição da República Federativa do Brasil de 1988**. Brasília, DF: Presidência da República, 1988. Disponível em: https://www.planalto.gov.br/ccivil_03/constituicao/constituicao.htm. Acesso em: 24 abr. 2024.

BRASIL. Presidência da República. **Decreto nº 5.820, de 29 de junho de 2006**. Dispõe sobre a implantação do SBTVD-T, estabelece diretrizes para a transição do sistema de transmissão analógica para o sistema de transmissão digital do serviço de radiodifusão de sons e imagens e do serviço de retransmissão de televisão, e dá outras providências. Brasília, DF: Presidência da República, 2006a. Disponível em: https://www.planalto.gov.br/ccivil_03/_ato2004-2006/2006/decreto/d5820. htm#:~:text=DECRETO%20N%C2%BA%205.820%2C%20DE%2029%20DE%20 JUNHO%20DE%202006.&text=Disp%C3%B5e%20sobre%20a%20implanta%-C3%A7%C3%A3o%20do,televis%C3%A3o%2C%20e%20d%C3%A1%20ou-tras%20provid%C3%AAncias. Acesso em: 22 abr. 2024.

BRASIL. Presidência da República. **Decreto nº 6.246, de 24 de outubro de 2007**. Cria a Empresa Brasil de Comunicação – EBC, aprova seu Estatuto e dá outras providências. Brasília, DF: Presidência da República, 2007. Disponível em: https://www.planalto.gov.br/ccivil_03/_ato2007-2010/2007/decreto/d6246.htm#:~:text=DECRETO%20N%C2%BA%206.246%2C%20DE%2024,que%20lhe%20confere%20o%20art. Acesso em: 3 jul. 2024.

BRASIL. Presidência da República. **Estatuto da Criança e do Adolescente**. Brasília, DF: Presidência da República, 1990. Disponível em: https://www.gov.br/mdh/pt-br/navegue-por-temas/crianca-e-adolescente/publicacoes/eca-2023.pdf. Acesso em: 24 abr. 2024.

BRASIL. Presidência da República. **Lei nº 8.313, de 23 de dezembro de 1991**. Restabelece princípios da Lei nº 7.505, de 2 de julho de 1986, institui o Programa Nacional de Apoio à Cultura (Pronac) e dá outras providências. Brasília, DF: Presidência da República, 1991. Disponível em: https://www.planalto.gov.br/ccivil_03/leis/l8313cons.htm.

BRASIL. Presidência da República. **Lei nº 8.685, de 20 de julho de 1993**. Cria mecanismos de fomento à atividade audiovisual e dá outras providências. Brasília, DF: Presidência da República, 1993. Disponível em: https://www.planalto.gov.br/ccivil_03/leis/l8685.htm. Acesso em: 26 abr. 2024.

BRASIL. Presidência da República. **Lei nº 8.977, de 6 de janeiro de 1995**. Dispõe sobre o Serviço de TV a Cabo e dá outras providências. Brasília, DF: Presidência da República,1995. Disponível em: https://www.planalto.gov.br/ccivil_03/leis/L8977.

htm#:~:text=L8977&text=LEI%20N%C2%BA%208.977%2C%20DE%206%20 DE%20JANEIRO%20DE%201995.&text=Disp%C3%B5e%20sobre%20o%20 Servi%C3%A7o%20de%20TV%20a%20Cabo%20e%20d%C3%A1%20outras%20 provid%C3%AAncias. Acesso em: 22 abr. 2024.

BRASIL. Presidência da República. **Lei nº 9.472, de 16 de julho de 1997**. Dispõe sobre a organização dos serviços de telecomunicações, a criação e funcionamento de um órgão regulador e outros aspectos institucionais, nos termos da Emenda Constitucional nº 8, de 1995. Brasília, DF: Presidência da República, 1997. Disponível em: https://www.planalto.gov.br/ccivil_03/leis/l9472.htm. Acesso em: 22 abr. 2024.

BRASIL. Presidência da República. **Lei nº 9.610, de 19 de fevereiro de 1998**. Altera, atualiza e consolida a legislação sobre direitos autorais e dá outras providências. Brasília, DF: Presidência da República, 1998. Disponível em: https://www. planalto.gov.br/ccivil_03/leis/l9610.htm. Acesso em: 25 abr. 2024.

BRASIL. Presidência da República. **Lei nº 12.485, de 12 de setembro de 2011**. Dispõe sobre a comunicação audiovisual de acesso condicionado; altera a Medida Provisória nº 2.228-1, de 6 de setembro de 2001, e as Leis nºs 11.437, de 28 de dezembro de 2006, 5.070, de 7 de julho de 1966, 8.977, de 6 de janeiro de 1995, e 9.472, de 16 de julho de 1997; e dá outras providências. Brasília, DF: Presidência da República, 2011. Disponível em: https://www.planalto.gov.br/ccivil_03/_ato2011-2014/2011/lei/l12485.htm. Acesso em: 22 abr. 2024.

BRASIL. Ministério da Justiça. **Portaria nº 368/2014, de 11 de fevereiro de 2014**. Regulamenta as disposições da Lei nº 8.069, de 13 de julho de 1990, da Lei nº 10.359, de 27 de dezembro de 2001, e da Lei nº 12.485 de 12 de setembro de 2011, relativas ao processo de classificação indicativa. Disponível em: https://dspace.mj. gov.br/bitstream/1/810/1/PRT_GM_2014_368.pdf. Acesso em: 3 jul. de 2024.

BRASIL. Senado Federal. **Projeto de Lei do Senado nº 57, de 21 de fevereiro de 2018**. Dispõe sobre a comunicação audiovisual sob demanda, a Contribuição para o Desenvolvimento da Indústria Cinematográfica Nacional – CONDECINE e dá outras providências. Brasília, DF: Senado Federal, 2018. Disponível em: https:// www25.senado.leg.br/web/atividade/materias/-/materia/132311. Acesso em: 24 abr. 2024.

BRASIL. Senado Federal. **Projeto de Lei do Senado nº 2331, de 23 de agosto de 2022**. Altera a Medida Provisória nº 2.228-1, de 6 de setembro de 2001, e a Lei nº 12.485, de 12 de setembro de 2011, para incluir a oferta de serviços de vídeo sob demanda ao público brasileiro como fato gerador da Contribuição para o Desenvolvimento da Indústria Cinematográfica Nacional – CONDECINE. Brasília, DF: Senado Federal, 2022. Disponível em: https://www25.senado.leg.br/web/atividade/materias/-/materia/154545. Acesso em: 24 abr. 2024.

CANTANDO na chuva. Direção: Gene Kelly, Stanley Donen. Produção: Arthur Freed. Intérpretes: Roteiro: Betty Comden, Adolph Green. Los Angeles: Metro-Goldwyn-Mayer, 1952, filme (103 min), son., color.

CINEMATECA BRASILEIRA. Website. Disponível em: http://www.cinemateca.com.br. Acesso em: 7 jun. 2024.

COSTELLA, A. F. **Comunicação**: do grito ao satélite. Campos do Jordão: Editora Mantiqueira, 2002.

DEFLEUR, Melvin L.; BALL-ROKEACH, Sandra. **Teorias da comunicação de massa**. Rio de Janeiro: Zahar, 1993.

DIAZ BORDENAVE, Juan E. **Além dos meios e mensagens**: introdução à comunicação como processo, tecnologia, sistema e ciência. 5. ed. Petrópolis, RJ: Vozes, 1991.

DIOGO, Lígia. Pequena história do vídeo analógico: um primeiro passo para refletir sobre os vídeos digitais encontrados na internet. **Cambiassu**: estudos em Comunicação, p. 108-123, 19 jan. 2022. Disponível em: https://periodicoseletronicos.ufma.br/index.php/cambiassu/article/view/18557. Acesso em: 31 jul. 2024.

DOWNLOADED: a saga do Napster. Direção: Alex Winter. Produção: Alex Winter, Maggie Malina. Intérpretes: Henry Rollins, Billy Corgan, Sean Parker, Shawn Fanning *et al*. Roteiro: Alex Winter. [*S. l.: s. n.*], 2013, filme (106 min), son., color.

ESCRITÓRIO CENTRAL DE ARRECADAÇÃO E DISTRIBUIÇÃO (ECAD). Website, 2024. Disponível em: https://www4.ecad.org.br/aspx. Acesso em: 8 abr. 2024.

FABRIS, Rosamaria. **O neo-realismo cinematográfico italiano**. São Paulo: Edusp,1996.

FASOLO, S. A.; Iano, Y.; MENDES, L. R.; CHIQUITO, J. G. Sistemas de modulação para transmissão de televisão digital de alta definição. **Telecomunicações (Santa Rita do Sapucaí)**, Santa Rita do Sapucaí, v. 3, n.1, p. 42-54, 2000.

FREITAS NETO, José Alves de; TASINAFO, Célio Ricardo. **História geral e do Brasil**. 2. ed. São Paulo: Harbra, 2011.

GOMES, Dias. **Dias Gomes**: apenas um subversivo. Rio de Janeiro: Bertrand Brasil, 1998.

GORBÁTOVA, Anastassia. Cinco filmes cult que traduzem a alma russa. 2015. Disponível em: https://br.rbth.com/arte/2014/04/06/cinco_filmes_cult_que_tra-duzem_a_alma_russa_24879. Acesso em: 25 jul. 2024.

HARRIS, Mark. **Cenas de uma revolução**: o nascimento da nova Hollywood. Porto Alegre: L&PM, 2011.

HISTÓRIAS que nosso cinema (não) contava. Direção: Fernanda Pessoa. Produção: Fernanda Pessoa, Alice Riff, Julia Borges Araña. Roteiro: Fernanda Pessoa. São Paulo: Boulevard Filmes, 2017, filme (76 min), son., color.

HUXLEY, Aldous. **Admirável mundo novo**. São Paulo: Editora Biblioteca Azul, 2014.

IFRAH, Georges. **Os números**: a história de uma grande invenção. 11. ed. São Paulo: Globo, 2010.

INSTITUTO DO PATRIMÔNIO HISTÓRICO E ARTÍSTICO NACIONAL (IPHAN). Diversidade Linguística - No Brasil, são faladas mais de 250 línguas. **Iphan**, [20--]. Disponível em: http://portal.iphan.gov.br/indl#:~:text=Estima%2D-se%20que%20mais%20de,Brasil%20como%20um%20pa%C3%ADs%20monol%-C3%ADngue. Acesso em: 6 mar. 2024.

JENKINS, Henry. **Cultura da convergência**. 2. ed. São Paulo: Aleph, 2009.

JOBS. Direção e produção: Joshua Michael Stern. Intérpretes: Ashton Kutcher, Dermot Mulroney, Josh Gad, Lukas Haas, J.K. Simmons *et al*. Roteiro: Matt Whiteley. Los Angeles: Open Road Films, 2013, filme (129 min), son., color.

KANTAR IBOPE MEDIA. Inside áudio 2023. **Kantar Ibope Media**, 2023. Disponível em: https://kantaribopemedia.com/conteudo/estudo/inside-audio-2023. Acesso em: 22 mar. 2024.

LEAL, Antonio; MATTOS, Tetê. **Painel setorial dos festivais audiovisuais** – indicadores 2007 - 2008 - 2009. Rio de Janeiro: Fórum dos Festivais, 2011.

LUNA, Félix. **Perón y su tiempo**: II. La comunidad organizada 1950-1952. Buenos Aires: Editorial Sudamericana, 2000.

MACHADO, Arlindo. Pode-se falar em gêneros na televisão? **Revista FAMECOS**, [*s. l.*], v. 6, n. 10, p. 142-158, 1999. Disponível em: https://revistaseletronicas.pucrs. br/ojs/index.php/revistafamecos/article/view/3037. Acesso em: 31 jul. 2024.

MARTÍN-BARBERO, Jesús. **Dos meios às mediações**: comunicação, cultura e hegemonia. Rio de Janeiro: UFRJ, 1997.

MARTÍN-BARBERO, Jesús; REY, Germán. **Os exercícios do ver**: hegemonia audiovisual e ficção televisiva. Trad. Jacob Gorender. 2. ed. São Paulo: Editora Senac São Paulo, 2001.

MATTELART, A.; MATTELART, M. **História das teorias da comunicação**. São Paulo: Loyola, 2004.

MAURER, A. L. **As gerações Y e Z e suas âncoras de carreira**: contribuições para a gestão estratégica de operações. Dissertação (Mestrado Profissional em Administração) – Universidade de Santa Cruz do Sul, Rio Grande do Sul, 2013.

MAZZAROPI. Direção: Celso Sabadin. Produção: Edu Felistoque, Paulo Duarte. Intérpretes: David Cardoso, Hebe Camargo, Ratinho. Roteiro: Celso Sabadin. Carapicuíba: Reza Brava Filmes, 2013, filme (102 min), son., color.

MCLUHAN, Herbert Marshall. **A galáxia de Gutenberg**: a formação do homem tipográfico. São Paulo: Editora Companhia Nacional, 1965.

MCLUHAN, Herbert Marshal. **Os meios de comunicação como extensões do homem**. Rio de Janeiro: Cultrix, 1964.

MEGRICH, A. **Televisão digital**: princípios e técnicas. São Paulo: Érica, 2009.

MELLO, Christine. **Extremidades do vídeo**. São Paulo: Editora Senac, 2008.

MOGADOURO, Cláudia. O Neorrealismo italiano transformou o cinema mundial. **Instituto Claro**, 2015. Disponível em: https://www.institutoclaro.org. br/educacao/nossas-novidades/opiniao/o-neorrealismo-italiano-transformou-o-cinema-mundial/. Acesso em: 29 abr. 2024.

MONTEZ, Carlos; BECKER, Valdecir. **TV Digital Interativa**: conceitos, desafios e perspectivas para o Brasil. 2. ed. Florianópolis: Editora da UFSC, 2005.

MORAIS, Fernando. **Chatô, o rei do Brasil**: a vida de Assis Chateaubriand. São Paulo: Companhia das Letras, 1994.

MORIN, Edgar. **Cultura de massa no século XX**: o espírito do tempo. Rio de Janeiro: Forense Universitária, 1962.

MORIN, Edgar. **Cultura de massa no século XX**. Volume 1: neurose forense. Rio de Janeiro: Universitária, 2002.

MOYA, Alvaro. **Glória in excelsior**: ascenção, apogeu e queda do maior sucesso da televisão brasileira. São Paulo: Imprensa Oficial do Estado, 2004.

O JOGO da imitação. Direção: Morten Tyldum. Produção: Nora Grossman, Ido Ostrowsky, Teddy Schwarzman. Intérpretes: Benedict Cumberbatch, Keira Knightley, Matthew Goode, Charles Dance *et al.* Roteiro: Graham Moore. Santa Monica: Black Bear Pictures, 2014, filme (114 min), son., color.

O NOME da rosa. Direção: Jean-Jacques Annaud. Produção: Bernd Eichinger, Franco Cristaldi, Alexandre Mnouchkine, Bernd Schaefers, Hermann Weigel. Intérpretes: Sean Connery, Christian Slater, F. Murray Abraham, Michael Lonsdale *et al.* Roteiro: Andrew Birrkin, Gérard Brach, Howard Franklin, Alain Godard. Los Angeles: 20th Century Fox, 1986, filme (26 min), son., color.

ORGANIZAÇÃO DAS NAÇÕES UNIDAS (ONU). ONU lança plano de 10 anos para apoiar línguas indígenas ameaçadas. **Onu**, 2022. Disponível em: https://brasil.un.org/pt-br/212593-onu-lan%C3%A7a-plano-de-10-anos-para-apoiar--l%C3%ADnguas-ind%C3%ADgenas-amea%C3%A7adas. Acesso em: 6 mar. 2014.

ORWELL, George. **1984**. São Paulo: Companhia das Letras, 2009.

O TAPETE vermelho. Direção: Luiz Alberto Pereira. Produção: Ivan Teixeira, Vicente Miceli. Intérpretes: Matheus Nachtergaele, Gorete Milagres, Vinícius Miranda, Paulo Betti *et al.* Roteiro: Luiz Alberto Pereira, Rosa Nepomuceno. São Paulo: Pandora Filmes, 2006, filme (102 min), son., color.

PELA Internet. Intérprete: Gilberto Gil. In: QUANTA gente veio ver: ao vivo. Intérprete: Gilberto Gil. Rio de Janeiro: WEA, 1998. 1 CD, faixa 9.

PIRATAS do Vale do Silício. Direção: Martyn Burke. Produção: Leanne Moore. Intérpretes: Anthony Michael Hall, Noah Wyle, Bodhi Elfman, Joey Slotnick *et al.* Roteiro: Martyn Burke. Burbank: Warner Bros., 1999, filme (95 min), son., color.

RAMOS, Fernão; MIRANDA, Luiz Felipe Miranda (org.). **Enciclopédia do cinema brasileiro**. São Paulo: Senac, 2000.

RENNÓ, Carlos (org.). **Gilberto Gil**: todas as letras, incluindo letras comentadas pelo compositor. Ed. revisada e ampliada. São Paulo: Companhia das Letras, 2003.

ROHRER, Cleber Vanderlei. **Programas do Chacrinha**: inovação da linguagem televisual. Dissertação (Mestrado em Comunicação) – Pontifícia Universidade Católica de São Paulo, São Paulo, 2010.

SEGURA, Mauro. A incrível história por trás da música "Pela Internet" de Gilberto Gil. **Blog Mauro Segura**, 2017. Disponível em: https://www.maurosegura.com.br/pela-internet-gilberto-gil/. Acesso em: 29 jul. 2024.

SIMÕES, Inimá. **A nossa TV brasileira**: por um controle social da televisão: São Paulo: Editora Senac São Paulo, 2004.

SOME kind of monster. Direção, produção e roteiro: Joe Berliner, Bruce Sinofsky. Intérpretes: Metallica, Bob Rock, Phil Towle, Dave Mustaine *et al.* Los Angeles: Paramount Pictures, 2004, filme (141 min), son., color.

SOUZA, José Carlos Aronchi de. **Gênero e formatos na televisão brasileira**. São Paulo: Summus Editorial, 2004.

SPINELLI, Kelly Cristina. Febem na contramão do estatuto da criança e do adolescente. **Revista Adusp**, 2006. Disponível em: www.adusp.org.br/wp-content/uploads/2006/09/r38a03.pdf. Acesso em: 20 jun. 2024.

TAVARES, C. Reynaldo, **Histórias que o rádio não contou**. [*S. l.*]: Negócio Editora, 1997.

TEMER, Ana Carolina Rocha Pessoa; NERY, Vanda Cunha Albieri. **Para entender as teorias da comunicação**. Uberlândia: Aspectus, 2004.

VILLELA, Sumaia. Cem anos do rádio no Brasil: conheça a história do Repórter Esso. **Agência Brasil**, 2022. Disponível em: https://agenciabrasil.ebc.com.br/geral/

noticia/2022-08/cem-anos-do-radio-no-brasil-conheca-historia-do-reporter-esso. Acesso em: 26 jul. 2024.

WOLF, Mauro. **Teorias da comunicação**: mass media – contexto e paradigmas – novas tendências – efeitos a longo prazo; o newsmaking. Lisboa: Editorial Presença, 1999.

XAVIER, Ricardo. **Almanaque da TV** – 50 anos de memória e informação, São Paulo: Editora Objetiva, 2000.

WELLS, H. G. **A guerra dos mundos**. Londres: [*s. n.*], 1897.